# 我的男人，
# 你究竟在想什么？

[韩] 南仁淑 著

王慰慰 译

中南出版传媒集团
湖南人民出版社

# 目 录
## Contents

# 第一章

## 理解男人，关键是什么？

　　为了理解男人们那些奇怪的行为，很关键的一点就是："像个男人那样"。从小就接受着"必须像个男人"这样的教育，长大了又立刻投入到激烈竞争的成人世界。被这种成长经历牵绊着的男人们，"像个男人那样"早已不是一种选择，而是一种必然的男性身份象征。

# 女人不了解男人，男人更不了解自己

　　下面是几年前非常火的一部电视连续剧中的一个场景：

　　男主角正在为他刚刚开始的恋情而苦闷着，因为他觉得女朋友心里好像隐藏着什么。

　　"要是有烦恼，就说出来嘛。"

　　"你怎么知道我有烦恼？"

　　接下来的台词点到了关键：

　　"一看你的样子就知道，反正我就是知道。"

　　包括我在内的广大观众都无法预测的女孩儿的烦恼，那个男主角在毫无征兆的状况下，仅凭"感觉"难道就能够了解吗？但这就是生活。相比年轻英俊的富家子在咖啡店里为素昧平生的女主角弹奏表达爱意的小夜曲，这种场面或许还更现实一些。

　　男人们常常观察别人的感情，但是对自己的感情却浑然不觉。男人们总是认为，自己生来就应该是不会被情感动摇的理性动物。就脑部来看，男人和女人的大脑都具有感知情感的功能，没什么明显的差异。而造成现实中那么大的男女差别的原因，更多是因为男人们觉得"我们就是这么长大的"。对悲伤、恐惧、孤独、爱和幸福等感情，男人们认为应该把它们藏在内心深处，那样才像个男人。一直都被灌输这种思想的男人们，连自己可以感受到那些感情这一事实都会加以否认，于是，男人们为了成长为"真正的男人"就不能因为任何事情而受感情的影响。人鱼公主放弃声音换来了象征人类的双腿，男人们放弃了作为自我重要组成部分的感情，换来了对自我男性身份的认同。

但是这里有一个很重要的问题。男人们并不是真的无法感知感情，而只不过是"不明白自己感受到的东西"。

20岁的大学生申政勋＊在每月一次的高中同学会上再次遇见了"那个家伙"。不出所料，稍后开始的酒席上那家伙又吸引了所有人的注意力。他口才好又有幽默感，不管到哪里总能带动气氛。那家伙往往以贬低别人的方式开玩笑，而政勋则经常被当做牺牲品。他老是说和政勋很熟所以才这样，但事实上他们俩并不是很熟。今天，那家伙又拿政勋矮小的身材开玩笑。

"这包明明是男式的，怎么政勋你背着就像女式包了

---

＊注：本书出现的"政勋"及"美京"皆为化名，与真实人物无关。使用这两个名字，是因为"政勋"和"美京"是韩国最常见的男女人名。

呢？——有一次在大街上看到一个穿裤子的女孩子和一个穿裙子的女孩子走在一起，身高也差不多。可是走近了一看，那个穿裤子的女孩子居然是政勋啊，旁边的女孩子还是同一个专业的学妹。像你小子这种身材，就该背粗犷些的包嘛，背那种纤细的中性化的包就像女孩子啦。"

政勋的心里有些不满，但是同学们都在捧腹大笑。在这样的情况下，让嘲笑不再进一步扩散的唯一方法应该是闭上嘴，再喝上一杯。

"干吗这样，我和这包不是挺配的嘛，最近像我这样精致的身材是流行趋势哦。"

听了政勋的话，朋友们笑得更厉害了。政勋以为他这么自嘲一下应该不会再有更进一步的糟糕局面了。然而，那个家伙却又说了一句让人哑口无言的话：

"好吧，你就大声喊出这种流行趋势吧，女人肯定爱死你。"

瞬间，在座的所有人都安静了下来，政勋满脸通红。但是那个没心没肺的家伙在一秒不到之间立刻转换了话题，又用一个笑话改变了原本尴尬的气氛。大家都把刚才的戏谑与调侃抛在脑后，连政勋自己也忘了，继续和朋友们喝酒聊天。

在度过这段自以为还算愉快的时光后，政勋回到家，妹妹看到他却说：

"哥哥，为什么你每次去参加同学会，回来的时候都看上去心情不太好呢？还有，为什么每次叫你，你都一定要去呢？"

听完妹妹的话，政勋陷入了沉思。

"我去了同学会回来心情就不好了吗？真是这样吗？"

男人们其实都像政勋那样，对那些披着玩笑外衣的人身攻击无法表现出愤怒，反而更担心如果生气了可能会被说成是心胸狭窄的人。当这样的情况反复发生之后，男人们甚至渐渐产生了错觉，以为自己的情感不会被伤害。然而对男人们来说，他们并不是铁石心肠，他们的情感同样会受伤。他们会和女人一样，受到同样深刻的伤害，而那伤害也会日益累积。

当人们无法缓解自己的情绪时可能付出难以想象的代价。如果想在心理上达到健康状态，感受到的和认知到的就必须一致，否则，心里就会不舒服。如果申政勋真的因为"那个家伙"而生气的话，那就会违背他的本性，这是他感情和认知的不一致。大部分的男人为了克服这种不一致，往往会采取最简单的方式，就是避免和别人进行深层次的交流，即使对方的话不符合事实，也不愿进行长时间的沟通或讨论。

男人们因回避与自我的深刻对话而累积起来的伤害，会在外部表现出相应的行为。正因为如此，被"那个家伙"伤害到了的政勋，心中怀揣报复的利剑，力求以最出色的表现来回敬对方，让他气馁和沮丧。而在那一段时间里，政勋总带着美得好像模特儿般的女友出席聚会，即是一种报复的表现。

其实，在受到伤害之后如果想修复自我，男人们并不需要像武侠电影里那样隐居深山，一心修炼以求复仇。只需把那个经常伤害人的"家伙"叫到一边，明明白白地告诉他："以后这种让我不高兴的话请不要再说了。"再或者，索性不要再见这种人了，不就行了吗？大部分的女人都会这么做，可是男人却做不到。

　　因为男人们对自己的感觉常常一无所知，所以就会在感情上依赖女性，通过母亲、恋人或妻子以及诸如此类的女性同伴的感觉和表达，来揣摩自己的感情。女人们常常会被忧郁的美男子所吸引，与此相反，男人们对明快开朗的女性大多表示好感。看着对方露出忧伤和难过的表情，男人们会直接感到是自己受到了伤害。

　　也许，你现在的心情正一片混乱，而身边的男人却一点也不能给你安慰。如果你想骂他是个"连这点小事都做不了的家伙"，那么在话出口前请停下来再想一想，其实他的心里现在是非常慌张的。此刻，表面上看来他对你一点帮助都没有，但深入地想一想，从他努力试图去安慰你这个行为上看，你应该可以明白他的心意了吧。

# 所有的男人都出生在斯巴达

众所周知，斯巴达是长久以来西方社会所崇敬的古希腊军事城邦。斯巴达所有作为自由民的男子都承担着服兵役的义务。除了奴隶以外的其他斯巴达男人，职业都是军人。斯巴达男性只要年满7岁，就得离开父母的怀抱，被送去过集体生活并接受军事训练。他们直到20岁才能离开军营，从事其他的工作。*

然而，研究男性心理的心理学家却指出，其实所有的男人都好像是出生在斯巴达一般。

现在的男人们不需要一出生就被扔到绝壁上测试生存能力，也不需要从7岁起就开始学习使用武器，那么为什么心理学家会那么说呢？

---

*编者注：关于斯巴达的流行电影有《斯巴达300勇士》，2007年上映。

女人有了儿子之后，会因得到父母的特殊优待而产生自豪感。然而这种优待之中却包含着一种无言的压力，希望将孩子抚养成强悍的战士。即使是长期以来都强调男女平等的西方社会里的母亲们，也会在不知不觉中要求自己的儿子"像个男人"，要求他不能轻易流露出软弱的感情。

就以摔倒在地，腿上破皮流血的小孩子号啕大哭这种现象来举例吧。如果是个女孩子，父母会把她抱在怀里，哄道："啊呀，宝贝儿，摔疼了吧。"但如果是个男孩子，父母则常常会说："没关系，不疼！快爬起来，我们儿子最勇敢啦！"即使有时也会对男孩子说同对女孩子一样的话，但心里也还是会有"为什么男孩子还会号啕大哭啊"这样的想法——父母对孩子的态度就在这微妙的心理活动中流露出来。男孩子会在潜意识里警觉到，如果自己表现得和女孩子一样，就得不到父母的爱。

即便不是这样，那些天生脑结构里"同感"能力发育不全的男孩子也会让自己逐渐远离情感的领域，而日益接近冷静内敛的战士。

在东方社会，有时即使连小婴儿的哭啼，都会被指责："男子汉大丈夫哭成这样真没用！"因此，男孩子们从5岁起就开始慢慢隐藏自己的内心世界。我的女儿因为没有完成作业被我骂了几句，就难过得大哭起来。而隔壁邻居的儿子在同样的情况下，被家长在背上打了好几下，却一滴眼泪都不掉。男女的差异也就在此刻产生了。

其实不仅是两性之间，男人在同性之间也被要求表现出强烈的男子气概。男孩子之间发生冲突的时候，哭泣的那一个一定会被嘲笑，这是一种无须言明的规则。

在任何情况下都不能将自己感受到的疼痛、悲伤、孤独等情感表现出来的强悍的男人们……在长大成人的旅途上这一路走来，真的都应该去军队啊。这样看来，现代男人和7岁就要进军队的斯巴达男人相比，也没什么区别了吧。

男人们那么固执地讨厌去医院，其实也和"斯巴达症候群"有很深的关联。要他们联想自身的软弱，这可是万万无法容忍的。他们无法忍受动不动就因为一点点感冒发烧、腰酸背疼等小病小痛而上医院，这和"钢铁般的斯巴达勇士"的精神可是完全不符的。对这些男人，"这种小毛病，去医院打一针就好了，赶紧走吧"这样的话多半会起到反作用。想将那些不把自己的小病痛当回事的男人们送进医院，就必须要告诉他们，因为他们的松懈对待，小病可能演变成重病，如果在这个时候再强调一下去医院才能解决问题，那么大部分男人都会妥协的。

当我在准备这本书的时候，曾经向很多男人抛出一个问题，那就是"你幸福吗？"然而，大部分男人和女人不同，他们对幸福与否往往无法作出明确的回答。对幸福最简单的解释就是所谓"心情愉悦的状态"，然而对于男人，他们会自问：如果没有任何成就，眼下所感到的快乐有什么意义吗？男人无法将这种疑问从心里驱除。

像斯巴达战士那样成长起来的男人们认为，现实的成就只能用在与世界的战斗中所获得的战利品来体现。所以男人们对"幸福"这样的词汇似乎是很反感的。他们认为所谓幸福，是那些没有战斗力的人掩饰自身软弱的借口。大部分男人都觉得，靠自己的能力获取的权力、名誉和金钱才是好东西。对男人来说，获得这些东西时所产生的愉悦感才是真正的幸福。所以，要为平凡的现实生活赋予意义并甘之如饴，男人会比女人困难。

举个例子来说，一男一女坐在咖啡馆里正在用笔记本电脑随意地上网，他们两个人看上去都很享受此刻的悠闲时光，然而，他们在心理上却有着截然不同的满足感。女人在心里想："有好喝的咖啡、好听的音乐、好玩儿的网络相伴，还有什么比这更好的呢？生活有此享受，真是幸福啊！"

然而男人心里想的却截然不同。

"对面那个男人用的电脑已经是三年前的旧款了，这可没法跟我相比！这里所有的人肯定都在羡慕我用的最新型的笔记本！"

斯巴达战士在用黄金炫耀自己的能力时，能够拥有强烈的存在感。相反，如果没有华丽的战利品或履历可以证明自己强大的战斗力，男人就会显得委靡不振，像泄了气的皮球一样。

希腊战神阿瑞斯是强悍和永不示弱的象征，每个男人的心中都有一座阿瑞斯的神殿，正因如此，他们时时刻刻提醒自己不能有任何软弱的表现。

如果你的身边正有一个炫耀着假战利品的"战士"，请毫不犹豫地拥抱他吧。他或许只是一个没有实力战斗，只能在后方搬运补给品的羸弱奴隶而已。

## 理解男人的关键："像个男人那样"

　　大部分男人都觉得女人是难以理解的复杂生物，这是因为对男人来说无法表达的陌生感情，女人却对其有着截然不同的反应。他们无法理解女人所体会的感情，对女人因感情而做出的行动自然也就摸不着头脑了。但是，站在女人的立场上看，男人也有很多让人无法理解的地方：宁可在同样的地方徘徊几个小时也绝对不肯问路，即使看上几百遍也坚持那些错误的东西是对的。女人们此刻简直怀疑眼前的男人是不是和自己一样是地球人。

　　其实，男人的感情比女人所以为的要简单得多，并非是女人无法了解男人们的灵魂。为了理解男人们那些奇怪的行为，很关键的一点就是"像个男人那样"。

如之前提到的，男人们的大脑对感情多少是有些迟钝的，从小就接受着"必须像个男人"这样的教育，长大了又立刻投入到激烈竞争的成人世界——被这种成长经历牵绊着的男人们，"像个男人那样"早已不是一种选择，而是一种必然的男性身份象征。女性价值观直到 21 世纪才成为思想界的话题，但显得非常微不足道，而"像个男人那样"则始终是男人们坚守着并愿意为之献身的信条。

　　所以，男人们绝对不会做那些违背男性身份特征的行为。他们认为，真正的男人即使感到疼痛也不能喊疼，更不能像女人那样，有任何细微的感情波动就反反复复，无限放大。

　　但问题是，有这些想法的男人们事实上有很多地方和女人是一样的。手指被纸片割出伤口，不管这伤口多小都会感到疼痛；听到伤自尊的话同样会觉得心情不好；在天寒地冻的时候穿着单薄的衣服，谁都会瑟瑟发抖。想想看，难道不是这样吗？男人们的神经并不是那么不发达，控制感觉系统的大脑也并非像爬虫类那般处于未进化的阶段。他们只是努力装出不疼、不冷、不难受的所谓"男人的样子"。这一切都只因为他们是男人。这种努力是如此根深蒂固，几乎让他们自己都以为那是本能。

　　身为男人，若不能像个男人那样，那么生活就失去了意义。反过来，只要让男人感到他能够像一个真正的男人那样生活，那么其他的都不成问题。男人们费尽心思去赢得权力和金钱，也是为了要证明他们是男人。只要心中坚守着"我是个男人"的信念，那么即使在世间经受着再大的辛劳，男人都不会自我毁灭。

我在386时代*末期出生，我们那代人曾被称为"X一代"，当看到90后的年轻男孩子们在这些方面居然和我们那个时代的男人有着很多共同点时，我真的很惊讶。我以为在这个经历了巨大变化的社会里，男人们也应该变了很多，但事实上，千百年来那种"像个男人那样"的渴望并没有消失。随着社会的变化，女人们期待着男人有一个新的面貌，但那种期待却和男人的真实状况相去甚远，于是由于男女差异而引发的矛盾和纠葛比以往任何时候更多。给予男人尊重，让他们有"像个男人"的感觉，对女人来说，这可能是现在和男人良好相处的唯一方法。而女人也需要谨记，那种尊重哪怕是有一点点假装，也会对男人造成自尊心上的严重伤害。

另外，如果你的身边都是一些上了年纪的男性上司的话，那么你就要记住，时不时地说一些强调和肯定他们"男子气概"的奉承话，乃是工作上的需要。因为这些上了年纪的男人们正在渐渐失去"男人的样子"。男人过了中年，就慢慢失去了证明自己男性特征的战斗实力，而当他们亲眼目睹自己逐渐衰弱时，会产生强烈的危机感。具有强烈自尊的男人们在这个时期虽然会变得平和柔软很多，但这有时也是无能为力的他们为了重新获得男性存在感而对自己进行着抑制的表现。另外还有一个理由，中年以后开始老化的大脑会

*译者注：386时代，指30多岁，80年代上大学，60年代出生的一代人。

分不清真心的称赞和刻意的奉承。换句话说，他即使知道那是刻意奉承，但也忍不住觉得心情愉快。如果你那些上了年纪的男性上司们老是强调着过时的想法和男性优越主义思想，其实很可能是他们在社会层面和生理层面上渴求着夸奖和奉承。

如果问男人是不是真的把男子气概看得比生命还重要，他们会给予否定的回答。但为了"像个男人那样"，男人们的很多行为却真真切切地在缩短他们的寿命。有很多研究解释过女人比男人长寿的原因——比如女性荷尔蒙对心脏功能有一定的保护作用，而就社会学角度来讲，女性也比男性少一些生存威胁。然而最近也出现了另一种分析，宣称男人们为了表现男性气概而不让自己的情感得以宣泄，由此产生的"男性压力"也是缩短男性寿命的一大原因。

作为人类，我们可以体会幸福、喜悦、悲伤、恐惧、爱等各种情感，而男人却将这种体验的机会去交换那唯一的筹码："像个男人那样。"所以，他们绝对无法忍受有人对他们的男子气概有一丝丝的怀疑。如果你决定将一个男人的内心世界搅得天翻地覆，那么只要一句"你真不像个男人"就足够了。与这句话相比，"长得真难看"、"像个白痴"之类的责难简直无足挂齿。

女人们需要去理解和关怀男人的首要理由就是"因为我们可以"。版本较低的程序在较为先进的CPU上运行起来当然毫无困难。

当男人们的"像个男人那样"的要求得到满足的时候，恰恰是他们愿意留意和顾及身边人感受的时候。而一旦男人们觉得自己的男性尊严没有受到尊重，他们就会塞住自己的耳朵，什么话都不想听了。作为女人需要理解的是，现代社会中所谓的男女平等是需要以理解男性的这种心理为前提的。

自信见多识广、心明眼亮的现代女性们，当她们肚子里怀着自己的儿子，并一心一意地希望将他们培养成"像个男人那样"的男人时，那么离女人们希望的男女平等时代就还远着呢。

# 男人的不幸，反过来造成了女人的不幸

　　我坐在公车上，听到并排坐在后座上的一对情侣在争吵。虽说是争吵，但其实是男孩一直在被指责。

　　"我都叫你别那么做了！干吗还那样做啊？"

　　"……我不知道你的意思是叫我别那么做啊……"

　　"你怎么就一点都想不到呢？"

　　我不知道那个男孩做错的事情究竟有多严重，不过那女孩的态度却好像主人将一只排便训练失败的小狗逼到角落里，一个劲儿地打它屁股一般，甚至比那更咄咄逼人。然而男孩子却一点没有反抗或者道歉，只是反复说着"是这样吗"、"不是啦，其实我……"这类毫无意义的话。毫不相干的我越听越觉得忐忑不安，女孩的攻击越来越激烈了。

"我真不明白自己怎么会和你交往的。你很有才华吗？长得很帅吗？就只会一个劲儿地犯傻！！我的自尊心都受伤了，还能把你介绍给朋友们吗？！"

我想我大概是目睹他们以情侣身份共同出现的最后一个人了。什么样的人被这么辱骂还能与对方维持情侣关系啊，可能已婚人士都要因此离婚了吧。但令我惊讶的是，男孩始终没有发火。而更惊人的事实是，当他们下车的时候，居然像没发生任何事情那样，还深情地手牵着手。

像这种让母亲们摇头叹息，恨不得没生下这么个"没用的"儿子的情况其实还真不少见呢。男人对自己的行为会让女人产生什么样的情绪其实并不了解，所以当女人生气时，也不知道如何应对。当然，"对不起"这句话也就很难从男人嘴巴里说出来了，而且这也和男人们习惯了的"男性公式"相违背。虽然因为女人的话而受到了伤害，但男人认为那也是不能让对方知道的。同时，面对女人的责备只能默默接受而无法反驳，这却又是和"男性公式"不符的行为。所以，男人们在感到惊慌失措和受伤的同时，不知不觉就会用玩笑来转移话题。然而这种行为会让女人觉得自己越来越不受到重视。对常常表现得无动于衷的男人，女人的气也越生越大，攻击强度直线上升。即使不像公车上那对情侣那般严重，但女人们却一直在给男人们带来或大或小的伤害。我们往往认为男人们不会受到任何伤害，但事实却不是那样，他们不仅会，还会将那些伤害一点一滴记录下来（当然，如果你问他们，他们肯定会回答什么都不记得了）。

但是，这并不只是女人的错。男人不将自己的心事表达出来，女人又怎么能猜得到呢？男人对从女人那里受到的伤害也应该直截了当地说出来，大多数女人听到男人说"这样的话会伤我的心，最好别说了"的时候，都还是能欣然接受的。男人们那如铜墙铁壁般的固执往往招来女人们乃至这个世界连续不断的伤害。他们比女人更多地做出一些会受到伤害的事情，同时在受到伤害之后又拒绝安慰，仿佛对伤痛进行治愈比让他们去死还难受，这样看来，男人们是真的很可悲啊。

如果让男人描绘一下不幸男人的样子，他们中很多都会描绘出那种没有妻子，只能独自在家煮拉面充饥的男人形象，真是出人意料。就女人看来，男人们这副样子也确实很凄凉，但是这不幸场面的始作俑者其实就是男人自己。即使没有女人在，男人们也可以好好给自己做顿饭，可他们却偏要固执地一边弯腰煮拉面，一边顾影自怜。与此同时，还不忘在这一片混乱中否定自我怜悯的感情。

乍看之下，男人好像比女人更有独立性，但在私人生活上，很多情况下，男人却常常表现得很无能。人们通过观看演出、展览或外出旅行之类的休闲活动能得到很大的乐趣，但一般来说，男人们如果没有女人，几乎是感觉不到那其中的乐趣的。如果没有女人，男人们基本上不会做任何可以让生活丰富起来的事情。虽然，通过工作获得的成就感是男人们能够独自享受的唯一乐趣，但真正能够从职场上感受到乐趣的人又有多少呢？用一句话概括，没有心仪的女人作伴，男人是没有生活乐趣的。所以，男人只会陷入一场追逐成就感的假想性游戏之中。

女人们即使一个人也能玩得很开心，和同性朋友在一起聊天、喝杯咖啡足以让她们兴致盎然。与女人们相比，男人们的生活水准就低得多了。虽然不是普遍现象，但确实有不少女性觉得单身生活非常有趣。而男人们如果在拼命挣钱，这钱又是用来买房子的话，那他们就是想要结婚了。

制造男人们的这些不幸，并同时反过来造成女人们不幸的元凶正是男人的所谓"性别标签"。男人们为了不要听到"真不像个男人"、"小男人"、"心胸狭窄"之类的话，甚至会毫不犹豫地进行自我摧毁，即使会造成他人的痛苦，他们也在所不惜。而在这一过程中其心灵所遭受的混乱和痛苦，他们也不会对任何人倾诉。由于无法达到"像个男人"的要求而承受的内心痛苦，对男人来说，是无法启齿的秘密。当我们问男人他们到底是怎么了的时候，得到的回答永远是"反正就是不行呗"。

东方女性因为在家庭中的不平等地位而常常在婚后感到痛苦。女人们对在婚姻生活中让她们备感辛苦的男人有着诸多怨言。但其实男人们的内心并不像女人们想象中那么平静。男人们并不是以追逐和折磨女人为乐的虐待狂。男人们会将妻子们的感受解读为自身的感受，如果妻子感到痛苦，那么男人也会感受到一种女人难以理解的痛苦。男人会觉得自己连妻子一个人都满足不了，是一种没出息的表现，是对男性身份的一种伤害。即使对方不是妻子，这种伤害依然是非常明显的。但是，男人们又因为他们那种固执的"男人病"而绝对不会将其所受的伤害表现出来。

如果你的伴侣看上去很疲惫，那么给他一天自由的"小男人之日"怎么样呢？在那一天，挑那些"不像个男人"的事情让他去做，在任何地方都以乖僻的女朋友的无理要求为前提，纵容男人们心里软弱和狭窄的一面，让他们脱下坚硬的外皮，是不是就能使他们暂时体会一下解放的感觉呢？

# 为什么女人都希望拥有一个 Gay 男友？

对女人来说，所谓亲密的关系是一种通过对话建立同感的关系。将自己的内心和秘密吐露到什么样的程度决定了亲密感的程度。而对男人来说，亲密的关系则是性的关系。让男人对一个女人产生亲密感取决于是否可以和这个女人发生性关系。所以，男人们对女人所说的"我爱你，但不想和你上床"这样的话，是无法相信无法理解的。正是因为男人和女人对"关系"有着不同的理解和定义，所以他们很难从彼此的关系中获得他们想要的东西。女人希望在和男人的关系中获得一种经由自己与对方的交流而产生的新鲜感，同时还有交流带来的快感。然而真正的交流是与性无关的，这种交流只能从没有强烈的"男子汉观念"的男人那里获得。这就是为什么女人们会希望拥有一个 Gay 男友。

"嗯？为什么?!"

"如果有个 Gay 男友就好了。"当听到我说越来越多的女性有这样的想法时，大多数男人都是这样的反应。对他们来说，这是即使改换立场也无法想象，甚至重新再活几百次也无法理解的想法。

说到同性恋，异性恋男人只要听到"同性"这个词就已经全身起鸡皮疙瘩地难受了。好莱坞喜剧电影中不时会出现那种异性恋男人不小心和同性恋男人有了身体上的接触，就恶心到呕吐的场面。异性恋男人会有这样的过敏反应，是因为他们有种无意识的恐惧，担心自己是同性恋。正是为了隐藏或者甩掉这种恐惧，那些男人们才会有对同性恋如此夸张的排斥行为。他们对同性恋越是排斥，就越能向自己证明，自己是个真正的男人。

几年前红遍全球的美剧《老友记》* 中的人物钱德勒，是一个曾经有性取向心理创伤的男人——他的父亲是一个变性人。有一天，钱德勒躺在妻子莫妮卡准备好的洗澡水里，享受到了 SPA 的乐趣。点上香薰蜡烛，倒上几滴植物精油，躺在温暖的洗澡水中，钱德勒一方面感到无比享受，一方面又忐忑不安。因为他觉得 SPA 是女人喜欢做的事情。看出他心思的莫妮卡给了他一个航空母舰的模型。手里握着这个只有男人才喜欢的航母模型，其男性气概得以证明的钱德勒，终于能安心享受 SPA 了。

---

*编者注:《老友记》，英文名 Friends，又名《六人行》。

我看到这个场面，确信这部分剧本的作者一定是个男人。因为如果不是男人，这样的情节是很难被构思出来的。虽然钱德勒被塑造为一个总是在怀疑自己性取向的男性角色，但其实大部分男人都有这种不安。很多时候，男人们为了满足自己的渴望，都需要一个属于自己的"航空母舰模型"。有些男人去看电影的时候，会说这场电影是免费招待的，不去白不去；而去疏解压力、享受按摩的时候，会说是被女朋友逼着去的。这些话对他们来说，就是"航空母舰模型"。

　　像同性恋一样被男人们深恶痛绝的还有另一种人，那就是所谓的"小白脸"。在男人们看来，那些被称为"小白脸"的，都是些长得像女人一样俊俏秀丽，受到众多女性欢迎的男人。女人们常以为这些男人是出于嫉妒心而讨厌"小白脸"，殊不知个中缘由其实微妙而复杂。

　　曾经有人问一位在首尔江南地区风靡一时的花花公子，他大受女性欢迎的秘诀是什么。他的回答非常简单："再难看的女人也有自认为漂亮的地方，只要找准了并加以赞美，就能百发百中。"

　　女人们对于可以理解自己，能与自己产生共鸣的男人，很容易毫无防备地敞开心房。但一般男人都不具备这样的能力。男人们觉得，打开女人心房的正当方法是自身的努力和能力，而用俊秀的容貌或者巧妙的言语这些投机取巧的方法去诱惑女人是不正当的。所以，贬低那些男人，称他们为没什么能力、靠女人吃饭的"小白脸"，其实是大部分男人在为自己像个男人却不受女人欢迎这一事实寻找合理的借口。在男人们中间，虽然也会把那些"阅女无数"的人称为大哥，但他们其实并不认为是能力或实力让"大哥们"获得了女人的青睐。

我们知道男人们究竟想要的是什么，但男人们穷尽一生，都无法理解我们女人究竟想要的是什么。虽然这不能不说是个悲剧，但通过分析我们在男女关系中所渴望得到的东西来看，或许这也和那个所谓的"男性标签"有关系。我们通常会被我们女人所没有的特质所吸引，比如强于女人1.6倍的肌肉力量，像熊一般平稳沉着的性情以及能够守护女人的姿态。如果不是因为这些，我们干吗还希望和这群臭烘烘的，话也说不通，又不肯和我们一起逛街购物的男人共度一生呢？

但是，我们能从女性朋友身上得到的，无法从男性伴侣身上得到。他们绝对不能给我们那种从同性朋友身上得到的满足感。有些女人在有了男朋友之后便疏远了自己的闺蜜，这么做未免有些傻。当充满刺激感的恋爱初期过去之后，谁来帮我们填补生活和精神上那么多的空白呢？

# 男人们总是用外在的"事实"
## 来表达内在的情绪

　　我和老公算是经常交流的了。这些年来，我们每天都会在晚饭时面对面坐下，聊一聊一天里发生的事情。我总是能通过那样的对话了解老公的心情。然而在某一个瞬间，我突然意识到，老公事实上从来没有针对自己的心情说过任何话。

　　"最近好忙啊，一点精神都没有。连个帮忙的人都没有，只有把工作压在我身上的人。"

　　"忙了一整天感觉很辛苦吧？"

　　"上次在社区聚会上，我的名字被选中了，送了我商品券呢。"

　　"是吗？心情真好呀。"

就像以上的对话那样，老公常常只是在说事实（Fact），而我却总是从中解读他的感情，错误地以为他是在直接表达感情。但如果没有我的话，老公就无法发泄他内心的情感，那些情感将会永远在黑暗中一点点地积压起来，不见天日。

　　请静静地聆听坐在你面前的这个男人说的话吧。也许他不会提起任何关于他心情的词句。比如说，当男人的收入不太好而感到压力时，他不会说"连喜欢吃的烤牛排都买不了，真难过啊"，而是会说"那帮政治家真无能，导致经济一塌糊涂"。因为下属的无礼而感到压力时，男女的反应同样有很大差异，女人会说"我都快被那家伙弄疯了"，男人则会说"现在的小孩真是没教养啊"。听到有艺人自杀的消息时，女人们会说"一定是感觉太累了所以才那么做的"，而男人们会感叹"现在的社会都快疯了"。

　　男人们不管是针对某个特定的情况，甚至是自己内心的情感，都习惯于借助外在的事实来加以说明。那是因为在他们能力所及的范畴内，这是解释情感这种抽象化的东西的唯一方法。男人们对政治和经济特别敏感，并且特别喜欢讨论它们的原因也与此有关。

　　心理学家 Björn Suske 指出，男人们对政治和经济特别关心的原因在于，他们试图说明，自己的行动或情感发生的原因只能从"外界"找到答案。男人们常常无视于那些对政治和经济毫不关心的女人们，自顾自地高谈阔论，但事实上是男人们无法了解和表达自己的情感，只能借助那些社会问题展开对话。当然，他们也希望借此来展现自己博学多才的男人形象。女人刚刚在网上申请延长自己落下的课程，那边男朋友立刻开始对"韩国行政系统过于便利"这一问题发表自己的意见。当女人感觉困惑的时候，当然也肯定地认为男人对世界的认识比自己更广阔。

男人们有种将内心矛盾的原因转化到外界去的特殊能力。正因为如此，心理咨询师们说，在他们看来，最难对付的就是那些"演员型的男人"。只有将自己内心的情感直接表达出来，才能够进行治疗，但这种类型的男人却借助自己累积的知识和经验，以各种方式岔开话题，避开深入的对话。

阿兰·德·波顿在自己的书里对男人如何表达感情作了很好的解释。

美术史学家在看到 14 世纪的绘画作品中所表现出的柔和与静谧之后，体会到令人热泪盈眶的感动。但即便如此，他们最后却还是用关于乔托时代绘画史的论文来表达自己的情感。这可以说是一种冷静的表现，不应该受到指责。其实，以事实来表达我们内心的狂热，这种方式比探求为什么我们会被一些东西所感动要容易得多。

——选自阿兰·德·波顿《幸福的建筑》

另外一方面，儒教文化一直认为男性应该谨言慎行，所以也还是有很多女性觉得沉默寡言的男人很有魅力。然而，像韩剧《沙漏》中的李政宰那样，表面寡言少语，将爱慕与忠诚深埋在心底，这样的男人其实只存在于女人的幻想中。

在现实中，就算是性格再内向，男人们也不会有想说话却什么都不说的情况。大部分的男人因为对自己的情感或与他人的关系进行语言表达的能力比较欠缺，所以就会从新闻、杂志、时事报道或者书本中获得知识，并以此得到可以进行表述的话题。男人的沉默有时可能是因为内心的东西很多，无从表达，但更多的时候，往往是真的肚里空空，没什么可说的。《沙漏》中那个不太说话的保镖如果走入现实生活，说不定也就是一个只懂得练武，从不看报，肌肉发达，大脑简单的平凡男人而已。

女人们可能不了解，但"沉默的男人一定是无知的男人"这一点，在男人们中间却已明明白白地达成了共识。所以再怎么内向的男人，和其他男人在一起的时候，也会竭尽所能地多说一些话，并且为了能够多说一些显示自己博学多才的话努力地上网浏览以获取信息。而对那些晚上打死个蟑螂都能唠叨上3个多小时的女人们来说，男人们这种方式实在是无法理解，这也是男人和女人难以进行对话的理由之一。

从某个角度上看，和男人的对话其实是很无聊的。正好有相同的话题而在约会过程中聊得津津有味，气氛也热情洋溢，这种情况并不多见。男人们如果有幽默感，或许可以带来暂时的趣味，但那种没有任何情感交流的对话，很快就会让双方厌倦。

当男人们提起政治经济的话题并准备大说特说的时候，你只要点头赞叹他的博学多闻，然后自然而然地转换话题就可以了。他们说起那些话题，其实并不是真的想听你发表什么政治见地。

# 当男人充满自信时
## 才可能温柔体贴

　　近几十年来，越来越多的女性投入职场，同时又抱怨负担越来越重。女人们要和男人一样挣钱，同时还要像个专家一样投入家务、育儿这些无休无止的工作中。这种负担为那些把家里和家外都完美照顾到的女人加上了"女强人"的称号。女人们因为不能公平地和男人们一样生存，进行了无数革命和斗争，而男人们对自身的放任却无法进行合理的解释。那些笨嘴拙舌的男人们常说："女人赚了一点钱，就要开始使唤男人了。"这样的言论令已经深感疲劳的女人恨不得拿起石头砸向他们。正是因为男人们无法良好地表达自己的想法，也使得那些家庭负担不能被公平分配给男人和女人。

　　男人和女人相反，他们感到被强行要求从自己努力扮演着的"男性角色"向"女性角色"转变。近几个世纪以来，性别认知领域发生了不少变化，然而，男人应该更强，更有能力，更懂得照顾他人这样的社会共识却没有很大的变化。男人们为了维持那种不流露感情的硬汉形象而蜷缩起卑微的自我，拼命努力地奋斗。不过，现在也出现了一些新的趋势，那些感情比较丰富的，能够体谅女性的，带有一些女性情感特征的男人开始渐渐受欢迎起来。

　　30岁的公司职员朴政勋知道明天就是太太生日了，于是让太太想买什么就买什么。然而太太的脸色却阴沉了下来。

　　"为什么你从来没有自己买过礼物送给我呢？"

　　政勋闻言有些慌张，他一直认为让擅长购物的太太自己买她喜欢的东西是理所当然的事情。

　　"这个……我又没有时间，而且要是我买的话，你可能不喜欢啊。"

　　"你公司边上就是百货公司，说什么没有时间，根本连借口都算不上。我是那么物质化的人吗？还是你的心意有问题？心意！"

　　对着从来没有想过给女人买礼物的政勋，太太一口气不停地数落着。

　　"我就希望有个发卡。都给你这么重要的提示了，接下去怎么样，你自己看着办吧。"

　　太太生日那天，政勋去了百货公司，找到了以前太太说很喜欢的那个名牌的柜台。营业员了解了一下政勋太太的爱好和年纪之类的信息，然后拿出了一副镶着珠宝的发卡。

"这是本季的新产品，卖得很好。您太太应该也会喜欢的。"

果然，啥也不懂的政勋看着那发卡也觉得不错，于是当场就付了钱，让营业员包了起来，但价钱要比他想象中贵出许多。他心里还想着，原来发卡都能卖得这么贵啊。

政勋虽然觉得这礼物有点贵，但想到妻子开心的脸庞也就觉得值得了。他兴致勃勃回到家，一边说着生日快乐，一边把礼物送到妻子手上。太太满心期待地接过礼物，但看了发卡的牌子和设计之后，脸色渐渐沉了下来。

"这像是新品吧，多少钱啊?"

政勋支支吾吾地坦白了价钱。太太埋怨道：这么多钱都相当于家里一个月的伙食费了。同时准备把发卡拿去退掉。走出玄关的太太，扔下了几句话，深深扎疼了政勋的心：

"看来还是没有心啊。你连一点心思都不愿意花，就知道随便买件贵的东西回来。为了生活，你知道我有多么节省吗？我就是希望你想着我一点儿，就算是为我在路边摊上买个发卡，我都会很喜欢的……"

如果站在政勋的立场上，他已经做了他该做的。他不明白为什么按照妻子的吩咐买了礼物，换来的却是妻子的不满。然而，他的妻子也是满肚子郁闷，她只是希望看到老公为自己花一些心思，可即使说得那么直白，老公怎么就是不能理解呢？

女人觉得有一些小小的微不足道的关怀就能让她们开心，

可男人却连这些举动都不愿做，女人们对如此吝啬的男人自然诸多埋怨。但事实上，对男人来说，那些关怀绝不是小小的，微不足道的。女人用她们的感觉，很容易就能关怀到别人，可是这种"感觉"女人们投入得是那么轻而易举，简直好像个个都是世界首富一般，可以随意播撒财富。然而，对男人来说，他们并不具备这样的能力。即使是再小的举动，没有这种能力的男人，也还是觉得那是无比困难的事情。

有很多人可能不理解，但那却是事实——如果没有强烈的自尊心做保障，男人多情而温柔的品性是不可能存在的。男人要抑制住固化在本能中的男性特质而发挥女性化的温柔体贴，需要不同寻常的控制力，而这只有当男人从骨子里就对自己作为一个男人充满自信时才有可能实现。这也是看上去温柔亲切的男人真正令人害怕的原因所在。我们身边大部分都是一些只有外表充满男性特质，其实内在软弱不堪的男人。对这些男人来说，"承受照顾家庭的心理压力，同时还要表现出温柔体贴的样子"这样的要求，就等于让他们做超人了。

还有一点，我们女人有时怎么看都看不见，但男人真的在努力改变。这些改变，在我们女人看来，可能简直像蝴蝶翅膀上的绒毛般微小，但对男人来说，却已经像要了他们的命。我们现在该做的就是在这个女性化价值观越来越占主导地位的男性世界里，握住不安的男人们的手，让他们不再为所谓的"男人病"而烦恼，或者说不再让我们的孩子们再为此伤脑筋。

# 男人的脑梁*不发达，
## 决定了男人更适合去工作

　　"儿子们哪，我不为你们的将来担心。这个世界是属于男人的。和你们同龄的女孩子，不管她们现在学习多么努力，能力多么出众，最终，你们都能够踩在她们的头上，往上走。妈妈跟你们保证……"

　　这是一位生了两个儿子的妈妈写下的话，是一位在社会中碰壁的女性充满讽刺的话语，令我印象深刻。韩国的男女平等指数在 OECD（经济合作与发展组织）国家中是排位最低的，当然这在日常生活中可能不会很明显，但女人确实比

---

　　*编者注:脑梁,学名胼胝体,是大脑中联接左右两个脑半球的神经纤维组织。

男人更难得到升迁的机会，也很不容易得到高级的职位。女人由于自己的性别而很难出人头地，这是事实。

然而，就我对男性性格特征的观察，我觉得他们的性情的确更适合这个注重成果的社会。换句话说，"男人本就是应该工作的"。

**男人在私人情感领域里非常迟钝，其原因在于男人大脑中联接左脑和右脑的脑梁不发达。**如果左脑和右脑通信不顺畅，人就无法在打电话的同时做饭；而在思考某件事的时候，听到别人问话就可能答非所问。也许可以这样形容，女人的脑梁是"光缆"，而男人的只是一根普通"电话线"。所以，男人往往难以应付多重任务处理，不过从某种角度而言，这并非坏事。

我认识一位企业中层干部。一次，他让一名男职员和一名女职员组成一个团队去共同完成一个项目。时间很紧，但事情很多，他们几乎没有私人生活，日夜工作在一起。一切似乎都很顺利，但突然某一天，女职员频频出错状态不佳，看上去心情很不好。于是干部找来女职员单独谈话，这才了解到，原来前一天是女职员的生日，但她连男朋友也没见到，反而是在公司里独自工作到深更半夜。干部安慰了一下女职员，之后还和一起工作的男职员说，今天因为女职员有些事情心情不好，工作上就多理解一点，多帮一下忙吧。几个月后，项目终于完成，一群人去聚餐庆祝。在聚餐的过程中，干部听到了让他非常震惊的消息，原来全心投入于项目中的男职员不久之前刚刚离婚。在他办理离婚手续的那段时间，他依旧若无其事地上班工作。没有一个人察觉出任何端倪。

很多男人在面对艰辛的个人生活时，依然能够像机器人一般工作，原因就在于其不发达的脑梁，使他得以将工作和情感完全分开。同时，男人的大脑中感知情感的那部分又非常狭小，工作时用到的大脑部分和感知情感的部分是完全不同的，因此男人也就能够不受情感的影响而专注于工作。而在女人的大脑中，感知情感的细胞是均匀分布的，大脑的任何部分工作的时候，感情都会要掺和一下。在这一点上，男人和女人形成了鲜明的对比。

对感情异常敏感的女人在工作上的目的与价值观也与男人很不一样。男人的个性里具有重视结果的特点，因此即使过程很辛苦，但为了达到目的还是会努力承受。女人则不同，不管她们在理性上多么明白应该忍受，但如果过程不幸福的话，女人是无法从内心深处说服自己坚持下去的。当女人站在需要牺牲一切去工作的门槛上时，就会想："做到这个份上，没有必要吧。"但男人如果面对相同的状况，就会义无反顾地走下去，他们相信为了达到目的，牺牲是在所难免的。男人在心理上是单纯的，但在达成目标的过程中却可以动足脑筋，再复杂的事都想得出来，这就是男人。一个是可以牺牲一切去达成目标的人，一个是想着"这样做下去不行啊"的人，哪个更擅长于工作呢？

男人适合工作的另一个原因是他们出色的行动力。大部分女人先思考，找到问题的症结和解决方法，然后再开始实际的行动，但在男人的逻辑中，解决问题就意味着"行动"，当然这也常常导致错误。一听说孩子在学校里被班主任责罚就不管三七二十一立刻大声嚷嚷："为什么打我们家孩子啊？"会这么做的往往是父亲。女人们通常对男人的这种特性很反感。对那些一碰到问题就想吵架甚或动手的男人们，女人有时觉得完全不可理喻。但这种特性如果不是体现在人际关系里，而是被放在工作中，则是能够让工作得以推进和成功的关键所在。想想那些事业成功的女性吧，她们同样具有极强的行动力。

在这个由男人们创造的刺刀见红的竞争社会里，男人的性格特征确实使他们占尽优势。然而，在工作中占优势的男性特征就始终都是好的吗？为了在工作中出人头地，人们奋力奔跑直至社会的悬崖，却发现那里其实什么都没有。乘上悬崖边的直升机，再往更高的地方爬升，但直到最后，他们总会醒悟，更高的地方依然什么都没有，甚至连空气都更加稀薄。

亚洲几个国家的社会竞争在整个世界范围内都属于非常激烈的，生活在如此社会环境中的男性常常要面对身处悬崖边的危机感。我曾经看到某个统计报告指出，韩国 40～50 岁的男性死亡率占到国民整体死亡率的 70%，而自杀、癌症、心血管疾病等都与压力有关。

我们是不是应该改变那种有利于工作却最终会毒害我们身心的性格特征呢？即使离婚也能表现得无动于衷，一如既往地工作，这究竟对个人的生活有什么好处呢？男人们其实并非真的"铁石心肠"，对疼痛，他们同样能够感知。我深深地同情他们的疲倦。

# "大男子主义"有利于男人的健康

　　大部分的脊椎动物中，雄性动物都比雌性动物短寿。然而，许多只生了女儿的夫妇们会说："接下来该生个儿子啦。"听到这样的话，我不禁开始担心，这些儿子们都将在充满"男性压力"的环境中成长起来。最初的社会竞争，女孩们不必参与，而男孩们则要在生活的战场上以"家族代表"的身份独自奋斗。不过，即使是在韩国这样的社会中，依然有部分男性相对长寿，其中很多都是政界人士。

　　宗教界人士长寿的原因比较容易理解，而希望身边围绕着良善之辈，渴望平凡生活的我，看着那些在尔虞我诈的环境里进行权力斗争，饱受政治压力的政客们，真不明白他们怎么可能长寿呢？压力不是会缩短我们的生命或导致癌症吗？有一种解释称，因为政治家没有良心，把谎言当做家常便饭，所以对他们来说其实没什么压力。不过我倒倾向于认为，他们的长寿和男人们那种由统治他人而产生的快感有关。

25岁的郭政勋是一个和平主义者，为人友善亲切。他对那些公然在人群中表现强权的男性非常反感，也看不起那些只不过稍微年长几岁就对后辈发号施令的人，觉得他们非常幼稚，因此，他自己也就努力以平等轻松的状态去对待后辈。后来，政勋大学毕业，以学士军官的身份入伍，在经过了几周艰苦的训练之后，他被授予少尉军衔，并有一个排的士兵划入他的麾下。

不久，因为有地位很高的长官前来视察，整个部队都为了接待的事儿忙得团团转，政勋也因为客人的到来而焦头烂额。那天，他无意中向身边的士兵说了几句："在这种地方有个莲花池还真是挡路啊，从这里到练兵场还要绕道走。如果用茱萸那样的植物来代替这没用的莲花池就好了，在春天里也一样很美啊。"

第二天，当政勋从同样的地方走过的时候，突然觉得有一种奇怪的陌生感。明明应该是莲花池，里面的水却无影无踪了，取而代之的是一片盛开的黄色茱萸。惊讶的政勋在询问之后才了解到，原来昨天士兵们把他说的话当成了命令，一个排的士兵一起把莲花池的水抽干，并找来茱萸移栽到了这里。虽然只是一个小小的莲花池，但因为自己的一句话竟发生了沧海桑田般的变化，政勋心里产生了一些微妙的感觉，一种类似快感的东西在他心里悄然滋生。这种快感既陌生又熟悉，十几个健壮的男人把你的话像他们自己的思想一般在嘴里重复，任何男人处于这样的地位都会产生这种感觉。当我了解到连政勋这样一个温和的、主张平等的人也会对权力产生快感，委实大吃一惊。

对男人来说，他们希望从所有人那里印证自己是个真正的男子汉。成为女人，并不是女人的人生目标；但成为真正的男人，则是男人的人生目标。在男人的世界里，所谓"男人"，最重要的证明之一就是拥有能够支配别人的权力。只要是个男人，无一例外地对能够拥有这种统治力量而心生快感。因此，在这个社会中，大多数处于被统治地位的男人就希望通过对自己女人的统治来获得那种快感。男人的这种要求在恋爱阶段往往是间接的，但结婚之后就会变得日益明显。有时，当你从你的男人那里感到一种控制欲的时候，即使那可能只是你的错觉，也请明白，这对他的精神健康来说是有益的。

如果说男人都希望拥有控制权，那么就政勋的经验来看，我们可能觉得军人应该也属于长寿族群。但事实上并非如此。因为军人永远受到来自更高阶级的统治。然而政客的情况则有所不同，他们尽情享受着使唤他人的乐趣。高级政客拥有200多项能够证明自己与众不同的特权，各种名目加在一起每年足有5亿韩元*的国家经费任其支配。可以免费乘坐飞机、火车等交通工具的头等舱位，并接受长官级的礼

---

*编者注：约3百万人民币。

遇；以海外视察为名可以进行免费海外旅行；尤为重要的是，身为高级公务员或财阀，只要不是太严重的罪行，一些小小的越界违规都会被豁免……大企业的 CEO 在获得权力的同时也受到实际业绩的压力，而政客即使没有作出什么特别的贡献也没关系。与以上的一切相比，竞选时期为了争取民众支持而产生的压力实在是微不足道了。

所谓减少男人寿命的"男性压力"，是指当男人的要求得不到满足时产生的不良影响。而政客这样的职业则满足了成为最强男性的原始欲望，对男人来说，这职业具有如迷幻药一般的吸引力。因此，对任何一种男人来说，政治家都可能成为事业上的终极目标。所以我们也就不难理解，为何各行各业的"精英男士"都渴望从政。

那么，我们又该如何诠释女性政治家呢？

现在韩国国会中的女议员只占 10％，而具有最低信度的统计也需要一个更大的样本量。可能在现在这些女政治家们离开人世，也就是距今四五十年之后，我们应该能清楚地看到权力对女性寿命究竟会产生积极还是负面的影响。

## 男人虽然讲义气，
### 但其实没有真正的朋友

　　我有个三十来岁的男性朋友，有一次准备给自己的哥们介绍女朋友。因为我身边有不少未婚的女孩子，所以他来找我帮忙。

　　"现在列举一下吧。"

　　"什么？"

　　"你难道不需要跟我介绍一下这个男人的基本情况吗？"

　　"嗯……他在某某建筑公司上班，外貌平常，人很不错。"

　　"恋爱经验很多吗？"

　　"嗯，还好吧。他上学那会儿好像没有什么恋爱经历。现在嘛……其实也不大清楚。最近几年我们大家都很忙。"

　　"是吗？那么家庭关系怎么样呢？"

"父母健在，好像有一个或者两个妹妹……"

"有点存款吧？"

"这个我就不知道了，等一下哦，我打电话问一下……"

我惊慌失措地阻止了他。难以想象他拎起电话大大咧咧地问对方："喂，你到底有多少存款啊？要帮你介绍女朋友的那个介绍人问起啦。"他被我阻止，一副疑惑的样子，不明白为什么不能打电话，而我看着他，心里则有着比他多几百倍的困惑：

"……不是说那是你最好的朋友吗？你对你朋友到底了解多少啊？"

小时候看《英雄本色》和《喋血双雄》这样的电影时，我总是心潮澎湃，在感叹女性的友情如纸片般单薄的同时，也无限憧憬着男人之间的友谊，以为他们之间是能够以命换命的热血义气。然而，看到实际情况之后才发现，男人之间所谓的义气，和我们女人想象中的有很大的差异——他们之间的对话少得难以想象。我那个准备给哥们儿介绍女朋友的男性朋友也不例外。再举一个例子，我比我丈夫更了解他的朋友们，因为和他们的妻子聊上半个钟头，会获得比老公与他们相交20年能了解到的更多的情报。

电视剧里经常能看到男主角的同性朋友们为他出主意的情节——尤其是他们对他的恋爱状况都了解得一清二楚。但实际上，男人们是不会将他们和认真交往的恋人之间的事情告诉朋友的。之所以会在电视剧里看到这样的情节，只因为编剧是个女人。若是仔细观察由男性编剧编写的电视剧或电影时，我们会发现他们所描写的男性朋友关系与女编剧相比颇有不同。实际上，关于自己恋人的事情男人基本上不会对哥们提起，反而会把这种非常私密的事情向自己的女性朋友倾诉。男人们不仅不会对这种私事感到好奇，还会觉得把这种与感情有关的琐事放在嘴边是很幼稚的行为。我经常听到我的中年男性朋友对我说起他和妻子幸福的家庭关系，但在男性朋友圈子里，他们从不聊这些话题。这是当然的啦，女人们听到这样的家庭生活一定会赞赏有加，也会羡慕那位太太的幸福，但如果对自己的男性朋友提起这些琐事，他唯一能得到的回应就是："真是个没出息的家伙。"

　　男人们和同性朋友的交流，并非是希望分享情感，而是更希望获得实质性的帮助，或者接收到帮助的意向。换句话说，男人间的友谊是，即使与女朋友分手，同性朋友间亦不过问对方内心的伤痛，却依然可以遵守彼此间的承诺。以前有很多将领武士，即使明知可能败家亡身，但为了履行对朋友的承诺也在所不惜。承诺可能变成一个沉重的负担，所以男人间的友情也是一张实实在在的实验台。如果你的男人从几年前开始节制信用卡消费，不是为了自己生活上的考虑，而是为了帮朋友，那还真的是件幸运的事情呢。

　　但男人间的这种友谊存在的问题在于，他们通过这种关系不会带来情感上的交流。他们通过与朋友交往获得的是维持社会关系的安全感或者实际的帮助。他们会批评女人们毕业之后不组织也不参与同学会的活动，认为那是自私的行为，但女人的这种行为并非完全出于自私，而是她们从朋友交往中希望获得的东西和男人是不一样的。

女人们在维持关系的时候集中在感情的交流上，见面的时候也希望得到这种交流。所以，费心思参与那种纯粹为了人脉关系而举办的同学会，去见那些以前就不太亲密的人，女人们会觉得没什么必要。当然，这种以感情上的亲密为基础的女性间的人际关系，比起男人无论亲疏巨细靡遗的人际关系来，就工作而言确实没有什么帮助，但其长处却是让情感更为丰沛，压力得以缓解，甚至延年益寿。

同样的道理，男人和同性朋友无法成为彼此的知己。男人们对没有明确解决方案的苦恼既不想说，也不想听。甚至于，当男人听到朋友有什么苦闷和抱怨时，就会打断说："喂，说那么多干吗，别婆婆妈妈的……来！喝酒！"男人们看到朋友软弱的样子，会本能地产生抗拒，因为那种无法解决问题的无力感会令他们感到非常不快。如果"朋友"的定义是"对对方的苦痛感同身受"，那么对男人来说，其实没有真正的朋友。

男人们所嘲笑的女性之间浅薄的友情，其实是出于对彼此关系的一种期待。没有希望就没有失望，同理，对从一开始就放弃了情感交流的男人们来说，他们在朋友关系中也不太会受到或给别人带来伤害。他们有着大男人的不以为然，对朋友间偶然发生的与情感有关的争执也可以视若无睹。有时碰到难办的事，就一起光着膀子拼一场，这就是对彼此友情的证明和宣泄。然而，男人们即使有朋友，依然是孤独的。

看到这些话的女人们，一定会想抚慰身边那个如同孤独的狼一般生活在这个世界上的男人。在女人们看来，男人们如果能拥有哪怕一个可以将自己的懦弱和无奈与之推心置腹的同性朋友，那么人生中所有的危机都能够化险为夷了。这样的朋友，不是用来谈论夜生活的余兴活动或者新出的电子产品的性能的，而是可以相互倾诉职场上的挫折所带来的自尊的伤害的。所以，在一切都还不算太晚的时候，男人们就应该努力尝试着去培养这样的朋友。

## 男人们都被关在玻璃立方体里

结婚 6 个月的卢政勋昨天和妻子大吵了一架。在公司聚餐、喝酒之后，政勋和同路的公司女同事一起搭乘出租车回家。在出租车里，政勋接了妻子的电话，可就在这时，旁边喝醉酒的女同事却大声地胡言乱语：

"对政勋好一点啊！要是不好好对他，我可要把他抢走啦！"

政勋回到家里，只见妻子正在哭泣，眼睛红肿。

"你跟公司里的人都是怎么说的呀？从来不认识的女人，为什么会那么说我啊？你跟那女人到底什么关系？"

政勋觉得对妻子这样的质问根本没有解释的必要。

"就是个女同事而已，什么关系都没有。她就是喝醉了撒酒疯。毫无意义的话就别说了，我很累。"

第二天，政勋回忆了一下昨晚的状况，自认为事情已经到此为止了。

然而下班回家后，政勋惊讶地看到小舅子面带不悦地坐在家中，这时，政勋才意识到一切才刚刚开始。家里的气氛很不寻常，小舅子和政勋打招呼的口气非常冰冷。之后的对话都围绕着昨天晚上的事情。小舅子走后，妻子仍旧不依不饶地追问：

"那位姐姐就算是喝醉了胡说，但肯定还是男人提供了机会。"

结果，政勋和妻子再次大吵起来。政勋摔门而去，到酒吧喝酒去了。一个人喝酒的政勋甚感凄凉，叫来了朋友。

"卢政勋，你个小气鬼，今天居然请客喝酒？是不是出什么事儿了？"

"能出什么事儿啊……"

于是，政勋和朋友一直喝到天亮，家里乱七八糟的事情仿佛都忘记了。然而这一切都是暂时的，第二天早晨，冰冷的现实和宿醉后的头疼一起冲击着政勋的身体。

妻子对烂醉如泥回到家里的政勋忍无可忍，扔下一张便条纸，回娘家去了。

这天早晨，政勋的母亲打来电话问候他们。政勋是这样回答的：

"一切都好啊，平安无事。嗯，美京也很好啊，您别担心了。"

女人，不管是谁，当心情不好的时候都至少有一个可以将心情全盘托出的人。这个人可能是同学，可能是同事，也可能是邻居，或者像政勋的太太那样，小舅子也可以成为倾诉的对象。比起以前孤立无援的生活状态，现在的女人还可以回娘家获得安慰。

反过来看看男人，可以将自己软弱的情感向自己亲近的朋友倾诉的男人非常少见。男人们为了像个真正的男子汉，在妻子或恋人面前努力表现自己坚强的灵魂，而对自己软弱的一面则竭力隐藏。同样的，即使两个男人是相处最和谐的兄弟或朋友，当他们心灵软弱的时候，也无法成为彼此的知己。那是因为，男人们不仅不愿流露自己的感情，对别人在他面前暴露感情，也会产生极度的反感。如果想让男人们从好朋友那里获得安慰，至少也是遭遇父母亡故、失业或离婚这样重大事情的时候，但即使这样，他们自己的伤心和痛苦也不会和盘托出。那种絮絮叨叨的倾诉过程对男人们来说，不管是说的一方，还是听的一方，都是种折磨。男人们会说："肩膀上重重地拍上两下已经足够了。"

换句话说，男人从来不想让自己看上去脆弱而无助，而其他的男人们也都了解这一事实。所以，男人们总是将自己锁在一个孤立的，连他们自己都看不到的小房间里，不肯出来。至少在感情方面，完全不存在一个可以让男人完整表达的地方。我曾经从一个朋友那里听过一个绝妙的形容：对女人们来说，社会存在着一个压制女性职场升迁的玻璃天花板；而对男人来说，他们则是把自己囚禁在一个玻璃立方体里。他们看着周围来来往往的一切，以及通往别处的通道，却固执地坐在自己的玻璃立方体里，和谁都不交流。

男人们将自己禁锢在前后左右密不透风的自我监狱中，仿佛身处孤岛，所以才会有"男人是孤独的"这种说法。这种孤独并不是外来的或强加的。从小就以斯巴达武士的方式培养长大的男人，无法目睹自己和他人的软弱模样——也就是暴露感情的样子。越是跌倒，越是被践踏，就越是要表现得像个硬汉一般坚持到底，和身边的朋友把酒畅饮。男人们即使再痛苦、再孤独，也要紧紧抓住自己内心的那个男人形象。

让男人将自己的感情表达出来的唯一方法，是让他们和能够自由表达情感的女性在一起。男人背着像蜗牛壳一般的玻璃立方体，打开那立方体的钥匙不在男人手里，而是在那个作为他伴侣的女人手里。只有当女人从外面把门打开的时候，男人才能暂时容许自己面对软弱的自我。

女人和男人吵架的时候，常常会感到很郁闷，那也是因为环绕在男人身边的透明立方体所造成的压迫。这个立方体在面对女人发火的时候会把正当的解释当成艰难的辩白，甚至对需要交流的女人发出这样的威吓："我什么都不想听了，你最好什么都别说了。"因为如此，也就很少有女人愿意提起大锤，将那个玻璃立方体砸碎，走向里面的男人。男人的玻璃立方体从他们很小的时候就开始建造，陪伴着男人度过了他们人生的大部分时光，而且变得越来越坚硬。虽然它是禁锢男人的牢笼，但另一方面，也是保护男人的盔甲。

女人们能做的事是把这个玻璃立方体视为男人的一部

分，经常把它擦擦亮。把曾经被藏起来，但其实就在身边的钥匙取出来，打开立方体的门，让里面的男人不至于窒息。

女人用什么样的方法才能打开立方体的门，我将在后面的篇章中详细说明。

# 男人比女人更在乎他人的眼光

有一天，老公在下班回家的路上顺便剪了头发，回来一看，却觉得后面的头发比平时长了一些。

"再去让他们剪一下就行啦。"

听了我的话，老公露出一副听不懂我在说什么的表情。我想他应该是不了解美发沙龙的文化才会这样，于是我仔细地跟他解释起来：

"那家美发沙龙是个以服务著称的连锁店。你又不是去让他们把剪掉的头发再接回去，只不过是去让他们稍微再修剪一下，他们不会觉得你是个麻烦的客人的。那真的不是件奇怪的事啦。"

老公说他知道了。我看着他的眼睛，要他跟我保证。

"明天下班回来的路上再去剪一下，听到了吗？一定？"

"好的，知道啦。"

老公爽快地答应了，并保证会去修剪。老公平时不管多小的要求都不肯跟别人开口，这次能让我诱导成功，我很是满足，很快也就把这事儿给忘了。

然而两个星期过去了，就在昨天，老公下班回家的时候，头发居然剃得像刚入伍的新兵那么短。他什么话都没说，不过我一下子就推测出了所有的情况。老公最终还是没有去美发沙龙让他们重新修剪头发，但是因为感觉后脑勺的头发不适，本来一个月去一次的美发沙龙，两周不到就再次光顾。不但重新剪了头发，他还特别要求发型师把后面的头发剪得短一点。因为客人的特别强调，发型师把后面的头发剪得特别短，又因为要平衡整个发型，索性就把前面的头发也全都剪短了。

我意图将老公教化成聪明的消费者的尝试失败了，同时我更加确信，以后也很难成功。不过这倒是让我下定决心，以后只要有时间，就和老公一起去美发沙龙。

在日常生活中，男人比女人无能这一事实尽人皆知，但女人往往不知道，男人对提出"额外"的要求有多么大的心理障碍。在可以续杯的餐厅里吃饭，男人们无法要求添加可乐；买了摩卡咖啡，如果服务生没有放奶油，那么即使觉得平淡无味，男人们也会闷声不响地喝掉；在感冒的状态下，如果正好坐在面对空调的位置上，那么男人要求换位子的情况估计要等到下辈子才可能发生。男人的这一面表现在我自己丈夫身上时，我当然会感到很郁闷，但在店家看来，这样的男人就是一个很好相处的顾客。而如果他不是我的丈夫，那么他无视那些蝇头小利的态度，则让他看上去更有男人味。

然而事实上，这并非因为男人在利益方面比女人大度，而是因为男人更在乎他人的眼光，他们无法忍受那种遭人侧目的状况。"这么做会不会被人看成是心胸狭窄的小男人呢？"当某件事会让男人产生这种怀疑的时候，他就绝对不会去做。不，是不能做。这是他们从很久以前就患上的不治之症——"男人病"的一种普遍症状。被"病毒"感染的大脑会对他们命令道："要是提出这么不像个男人的要求，你就马上死掉吧。"

女人则完全不同。女人们并不是在结婚以后才突然变成"大妈"的。女人在她们二十来岁的时候，就已经有个"大妈"住在她们心里了。女人比男人更少顾忌周围人的眼光，所以当遇到可以占便宜但可能伤及面子的事情时，会迅速掂量一下，如果觉得没关系就会立刻去做。很多时候，女人根本就不会去费力保持内心的那种平衡，直接做出一些任谁见了都会皱眉头的事情。在咖啡店里无所事事却兴致勃勃闲聊的客人基本上都是女人。她们会带着卷发棒和喷发胶到咖啡馆里，互相化着妆，准备去面试。有时还带着买来的包子或者汉堡，泰然自若地任由那些油腻的味道四散开来。

为了生存或者利益而无所谓面子的女人们，就是所谓的"大妈"。然而，始终无法放下面子的男人们即使结了婚或者年龄增长，也不会变成十足的"大叔"。男人为了坚持他们的"男性自尊"，对日常生活中的利益往往无法磨开面子。于是和这些男人生活在一起，并力图进行补偿的女人们，便从骨子里变得更加"大妈"。进一步说来，所谓"大叔"和"大妈"的含义也是不同的，只有在能够显露他们能力的时候男人才会变得厚脸皮。所以，男人无法为了 2000 元韩币 * 的衣服讨价还价，却可以为了工厂 1000 万韩币的订单斤斤计较。

事实上，女人在结婚以后为了管理家庭的经济而渐渐"大妈"起来，对利益问题也看得越来越重，甚至逐渐将占便宜的范围扩展到更大的地方。虽然各种不同的社会环境对占便宜的默许程度有所不同，但将占便宜的行为发挥到极致的，任何时候都是女人。在过去的社会里，比起面子来，生存才是关键，所以社会对"占便宜"这点给出了一个宽容的标准，但是"大妈们"照样还是有本事逼近底线。现代"大妈"这个词充满着嘲讽的意味，这也证明了人们越来越意识到"占便宜"的底线。其实如果一个社会没有任何的标准，那么也就不存在那些好占便宜的"大妈团体"了。不得不担心别人视线的自我行为标准越来越高，女人也不会变成那种对他人眼光视而不见的"大妈"，这样的未来社会已经离我们不远了。

事实虽然如此，但人们还是倾向于认为，女人比男人更在乎他人的目光，因为女人更在意容貌，必须化妆才能出

---

*编者注：约 12 元人民币。

门。但其实，男人对自己外貌的在意程度与女人比起来有过之而无不及。只不过，收集那些美容的方法，对这些"真正的男人"来说是被禁止的行为，所以他们总是拙于对外形进行改善。如果你觉得某位男同事不过是洗了把脸就急匆匆地出了门，请相信，他很可能在镜子前努力了一个多小时。

不仅如此，无法做出任何伤面子举动的男人，随着年龄的增长，会更加执著于男人的面子问题。用强悍而年轻的肉体来证明的男性自尊，随着时光的流逝慢慢被削弱，男人们在社会生活中不断地经受着使自尊心受挫的事情。他们不会让任何不必要的举动给任何人借口来伤害自己的自尊。年纪越大，男人们越是小心翼翼，战战兢兢，如履薄冰。和电视剧里不同的是，男人们过了二十来岁，对自己心仪的陌生异性就不大可能主动去搭话了，原因正在于此。如果男人无法得到对他们男性自尊的最高的肯定，那么即使是最微小的拒绝，他们也不想听到。

女人常常会以为男人比女人大度，觉得男人好像没有那种谋取利益的脑子，其实这些都是误会，女人应该在这种误会中找到平衡。男人们既不是圣人也不是傻瓜，只不过让他们做丢面子的事比让他们死更痛苦。曾经有段时间 300 元 *一杯的咖啡贩卖机大为流行，我曾经听到很多男人嘴里说过这样一句话："他连杯自动贩卖机上的咖啡都不买啊。"男人

---

*编者注：约 1.8 元人民币。

们应该都还记得那时他们的样子吧，到了喝咖啡的时间，他们带着理所当然的表情，攥着硬币，投入自动贩卖机里，捧着一杯咖啡，既骄傲又害羞。

　　作为女人的你，不管是和男人一起工作，还是有着私人的关系，看到他们老实木讷的反应或许都会不知不觉地作出些让步吧。的确，男人们面对自己不喜欢的事情也会装出无所谓的样子，面对反复加诸他们身上的那些麻烦的请求，他们同样如此。然而，男人们实际上能够意识到这所有的损失，并全部记录在案。如果我们能理解男人必须装出的大度，及其因此而感受的压力的话，那么我们也就应该明白，有的时候，我们应该克制一下自己心里蠢蠢欲动的"大妈"心态。

# 所有的男人
## 　都需要一位比阿特丽斯来拯救他

　　我一位好朋友的丈夫是一个在所有人眼里都完美无缺的好男人，他品貌端正，能力出众，在大公司上班，声音低沉浑厚，风度翩翩，令人联想到近代欧洲的绅士。一天，我和他太太聊天，她告诉我，老公的一大爱好是每逢周末就让她给他做皮肤护理。他会按照皮肤的不同状况——比如面部皮肤干燥啦，生出青春痘啦，来要求做黄瓜面膜、草本面膜或提拉面膜等不同的皮肤护理。如果周末有事错过了，那他几天内都会闷闷不乐。我想象着他的模样，和他平时的形象完全对不起来，忍不住笑了好一会儿，并且建议我朋友不如直接让她老公去美容院做护理算了。

　　"干吗让他去美容院呢？就算帮他办了美容院的会员卡，我又怎么开口让一个男人去美容院呢？再说了，他还跟我说过这样的话：'帮我做点这样的事儿难道不行吗？如果不是你，我贴着面膜躺在那儿的样子能给谁看呢？'"

像我好朋友的丈夫一样，男人们都希望自己的女人能包容自己软弱的一面。女人可能会觉得这样的男人很没出息，但其实男人们都本能地渴望拥有一位自己的"比阿特丽斯"。

比阿特丽斯是谁？她是 13 世纪意大利诗人但丁单相思的对象。但丁在 9 岁那年初次见到比阿特丽斯之后，便终身爱着她思念着她。比阿特丽斯 24 岁就香消玉殒，但丁悲恸欲绝，他将这份爱情当做一生创作的主题，在他花了 40 年时间创作并在他过世之前才完成的巨著《神曲》当中，他以比阿特丽斯来命名书中的人物。《神曲》中的主人公依次在地狱、炼狱和天堂之间旅行，比阿特丽斯则是主人公在炼狱中第一次见到后就苦苦追寻的神秘女子，同时也是拯救他并将他引入天堂的人。这部作品面世之后，比阿特丽斯就成为了男人理想中能够拯救他们的女人的代名词。

以前和男人们谈起比阿特丽斯，我总会暗暗发笑，好像他们是在胡思乱想着能和全智贤或者金泰熙这样的女明星结婚。然而，当我慢慢了解了男人的内在倾向之后，终于明白，男人们真的非常需要一位自己的比阿特丽斯，女人们也有必要让自己，哪怕只是一部分，变成比阿特丽斯。

对在任何地方都无法将自己软弱的一面暴露出来的男人们来说，他们梦想着有一个不管他们表现出什么样子，都能始终如一地在身边支持他们的女人。所以，在男人创作的无数艺术作品里，做了很多令人寒心之事的男主角总有一位不管他是什么样子都能接受的，如圣母玛利亚一般的女主人公相伴左右。这些女人不论男主角做了什么"没出息的行为"都从不怀疑男主角是个"真正的男人"。不知道究竟是出于什么原因，但毫无疑问的是，女主角对男主角的能力与价值始终深信不疑。然而，这样的女人又具有微妙的性别特征。综观男性创作的艺术作品，其中出现的女人要么是圣女，要么是妓女，要么就是两者的结合。这并非单纯地将女性脸谱化，而是因为圣女和妓女都是男人对女人的幻想，同时也是他们在现实生活中希望在自己的女人身上找到的影子。在20世纪80年代成为性感象征的一代流行天后麦当娜（Madonna：对圣母玛利亚的尊称），其名字本身就颇能体现男性的这一心理。

男人一直以来都是这个世界的支配者，现在这种权力依然有效。而男人为了获得征服者的品性，就必须扼杀自己某些人性的方面。这些被男人抛弃的人性部分，如对喜怒哀乐的感受和表达，男人们统统将之留存在女人的身体里。所以，男人们只能通过女人来感受自己的情感并予以表达，但并不是通过所有女人，唯有那个"我的女人"才有可能。男人需要在世间所有人面前，甚至是在自己面前表现出强悍有力的男人形象。每个男人都把储存着他们情感的硬盘存放在他们自己的比阿特丽斯那里，所以，如果没有那个女人，男人们就无法解释和承受这个世界所带来的情感巨浪与重压。

男人们只能在自己的女人面前表露感情，还有那永远无法在其他人面前暴露的软弱模样。这也是男人一结婚就会表现得像个小孩子的原因。

虽然这么说有种无可奈何又一言难尽的感觉，但所有的女人最终都不得不成为某个人的比阿特丽斯。女人也许会叹息，在这个连我自己都需要拯救的世界，我又如何去拯救别人？我理解这样的感叹，但是，被要求拯救这个世界，或者说至少也要装着去拯救世界的男人们早已在千万年前就遗失了表达情感的能力，他们需要能唤醒他们自我存在意识的女性。对男人们来说，他们害怕自己男性身份的丧失，心理学家指出，男人唯有通过女性才能消除这种内心的不安。当女人不仅不能消除他们的不安，甚至还在责难他们的时候，男人们就陷入了堕落的深渊。

成为某人的比阿特丽斯并不是要女人去改变和拯救那些完全无法改变的人格障碍患者，那不属于人类的领域。作为女人，你可以做的就是打开那个已经走进你内心的男人的心。即使你有时会失望，但也请不断地向他表示："你是个真正的男人。"如我那个好朋友一般，每到周末就陪着缠着她做护理的老公，在他脸上敷上草本面膜，并真心包容着他此刻的样子。

# 男人比孩子更加"以自我为中心"

下面是标准育儿手册中的一部分：

——给孩子们选择权的时候，不能对他们说："随你们的便吧。"而是以"要狮子玩具呢，还是兔子玩具呢"这样的方式去引导他们作选择。

——用有效的方式经常赞美，并作正面的强化。

——孩子表现出攻击性的时候，不要急于责骂他们，而是先找出心理上的原因并予以解决。

——孩子没有考虑他人立场的时候，如果想指正孩子的错误，那么就要先理解和感受孩子的立场和感情。

如果把以上条目中的"孩子"换成"男人"，这套指南同样完全成立。孩子和男人有着很多共同点。孩子之所以被当成孩子是因为他们"以自我为中心的特点"，而男人则比我们所以为的更加以自我为中心。

一家公司为了是否在公司内部增设保育设施而举行投票表决。所谓公司内部的保育设施，可能是现在韩国正在工作的妈妈们最理想的兼顾家庭与事业的方案了。然而，投票结果却出人意料，提案以压倒性的反对票被否决了。经过调查发现，原来公司的男士们对要让他们带着孩子上下班非常反感，因而全部投了反对票。结果，取代保育设施的是健康俱乐部。

看了上述实例，我似乎明白了这个世界到现在都无法妥善解决职业女性育儿问题的原因了。在现代社会里，拥有决定权的人大部分还是男性，而在他们看来，养育孩子并不是他们的事情。在那个公司，投反对票的男人们的妻子要是知道了投票的内情一定会气得胸闷，但男人们会永远保守这秘密。男人原本就比我们知道的更加以自我为中心，他们只是非常善于隐藏。

这里说的以自我为中心和自私自利是完全不同的含义。去年夏天，我在街上看到一个小孩子，坐在地上吵闹着："太热了，开空调嘛！"慌张的母亲一个劲儿地央求，街上没有空调，回家再开，但一点用都没有，孩子依然纠缠不休。觉得自己热就啥都不顾的小孩子，没有人会说他是自私的。这个孩子不具备考虑除自己要求以外的东西的理性。男人其实也是一样。母亲们留传下来的那句至理名言，"男人都是小孩子"，并不夸张，事实本来如此。

原本就有生物学上的证据证明男人比女人晚熟。我们大脑中思考问题与控制感情的部分是额叶，女人的额叶在 20 岁的时候成熟，男人们则是在 30 岁的时候成熟。额叶完全成熟的状态，用大白话来说就是"懂事儿了"。当我明白这个道理之后，就能够接受自己年少懵懂时所做的傻事了。但是男人往往过了 30 岁还是一副不懂道理的模样，即使是非常优秀的男人，也很难摆脱以自我为中心的状态。

我认识一对夫妇，妻子直话直说，丈夫则包容大度。这对夫妻的组合看上去非常奇妙。表面上看，性格如火，总是将自己的感情直接吐露出来的妻子似乎非常以自我为中心，而丈夫则颇具牺牲精神。但和他们聊过天并且进一步观察过之后，我发现事实好像正相反。有一次，那位丈夫在家里招待客人喝红酒，他觉得芦笋和培根最配红酒，于是要求妻子准备。包括我在内的所有客人都觉得这实在太麻烦，所以一边感激他的殷勤招待，一边竭力谢绝。妻子也埋怨老公怎么提出这么突如其来的要求，家里都没有这些食材，叫她怎么办呀。老公当时也没有多说什么。过了一会儿，妻子突然不见了，一问才知道是出去买芦笋了。直率的妻子其实非常顾及老公在众人面前的形象。反过来说，老公虽然一副亲切而多情的样子，考虑事情却都是以他自己为出发点，比如坚持让不能喝酒的人品尝他特别准备的红酒，一个劲儿地让正在减肥的女孩子吃东西。

这位丈夫其实并非特立独行。对所有男人来说，即使当他们开始考虑别人甚至为别人作出牺牲的时候，也无法真正站在他人立场上感同身受。举个例子，几年前轰动一时的某电视剧中有这样一个感人的情节，男主角将双眼都捐给了双目失明的女主角。然而，女主角虽然因此恢复了视力，但重获健康之后难道她还能心安理得地度过余生吗？

与之相对应的还有一件真人真事。

一位失明的男子得到了一只眼角膜的捐赠，因此能够用一只眼睛看世界了。然而后来才知道，捐赠眼角膜的人正是他母亲。这位和儿子一样用一只眼睛看世界的母亲如此说道：

"我本来想把一双眼睛都捐给儿子，但是我想，他看到成为盲人的母亲之后会感到多么痛苦啊。所以，我把一只眼睛留给自己。"

这就是男人和女人在考虑他人时的不同之处。

男人无法完整地理解女人，原因就在于他们无法不以自我为中心。女人为了孕育孩子而充满牺牲精神，身体里会分泌一种荷尔蒙，叫后叶催产素。而在解剖学上与女人有很大不同的男人，他们在充满征战的环境中长大，只有生存本能是发达的。简而言之，他们唯一重视的是他们自己手中抓住的食物。

当你和他的相处越来越长，你就会更多地发现男人的这一面。你也许非常失望，但站在男人的立场，这一切都是理所当然的。女人因为种种类似的事情而无比失望，甚至感到无法和男人这样的人类一起生活在地球上。殊不知，女人们和不成熟的男人们生活下去的唯一办法，就是放弃让他们成熟。*

　　如果好好教导孩子，那么他们也会慢慢成长为人见人夸的"乖孩子"，那是多么可爱呀。但期待男人以完全成熟的身心来拥抱你，还不如期待他以可爱的模样给你带来欢乐，这对你和他以及你们俩的生活来说，都是更明智的选择。

---

*编者注：详见本书第四章"如何改变永远无法改变的男人？"。

# 男人，在"性"和"头发"之间选择

　　不论男女，都会对年龄增长之后出现的脱发问题而感到担忧。但是女性的头发是整体性数量减少，而男人则是前额和头顶局部性脱发，这让男人看上去至少又老了 20 岁。所以，男人不得不对脱发更加敏感。中年男人们还没有到完全放弃外貌的年纪，为了保住头发他们绞尽脑汁，费尽心思。然而不管作出多大的努力，大部分男人依然阻挡不了头发的日益减少。

　　其实这种摧残男性外貌的脱发症并非无药可医，有一种叫 Finasteride 的口服药非常有名，对治疗脱发很有效，可以让 80％到 90％的头发得以恢复。这当然并不是只有我才知道的秘方。为头发生长费尽心思的人们都知道这种特效药的存在，但痛痛快快服用这种药的男人则不多。因为这种药直接影响导致男性脱毛的男性荷尔蒙，所以其最大的副作用是可能造成男性勃起困难。一般来说，这种副作用出现的概率非常小，但实际服用过这种药的人都说："这种药，男人是不能吃的。"男人们就这样宁愿选择秃头。"男人的那方面能力"本来就和他们的心理状态有关，当他们想着"如果吃这个药的话就可能不行了"时，那么他们心中只会万分不安，一个从心理到生理的恶性循环也许就此形成。

问题不在于这种药究竟会不会产生副作用，即使是不想再要孩子的男人，当他们意识到"男人的功能"有可能受影响时，也同样会放弃服药。男人们为了这种只有自己的伴侣才会知道的隐秘能力，而毫不犹豫地选择了对外貌造成致命影响的秃头，并招摇过市。相反，那种服用不当会造成心脏损伤的伟哥，倒是一直在被违法地买卖着。

虽然很多人把这些最热衷于性关系的男人们称为"野兽"或"狼"，但对男人来说，性却是一种比想象中文明的举动。比起单纯的本能和冲动，它更是一种社会化的象征以及心理状态的反映。

一般来说，男人的性是他们一直以来用以证明他们是男人的象征。所以，他们需要时不时地确认这种象征，从而确认自己还是真正的男人并因此让自己感到安心。女人们在一起聊天的时候，经常会有一种相同的疑问，为什么男人们在完事了之后会问："感觉好吗？"男人们这么问并不是真的想了解女人的感觉，而是希望确认自己作为雄性动物的能力。——这种时候给男人这样的回答好不好呢："这次很快结束了，好遗憾哦。从下次开始好好的就行啦。"

从古代开始，男人们为了强化精力而食用狗、蛇、甲鱼、水獭等动物，这么做并不是为了性行为所带来的快感，而是为治疗在日常生活中不断受伤的"男性自尊与身份"。性是最直接和最容易的治疗手段。有人认为，过去有宦官专权，其原因也在于他们无法通过性行为来确定自己的男性身份，因而必须攫取权力。我也同意这种观点。

曾经有一次和一个学弟聊天，听他说起感情生活出现问题的缘由。原来，他和女朋友偶然有一次开诚布公地聊起他们的性生活，女朋友说，她从来没有达到过性高潮。在此之后，他和女朋友在一起的时候总是不太好，渐渐地失去了自信心。这样下去，可能两个人的距离也就越来越远了。

"已婚女人中，五个里就有一个是从来没有体会过性高潮的。女人和男人在性的体验方面是不同的，并不像男人那样一定要达到高潮。只要是和相爱的人在一起就感觉很满足了。那些色情影片真是误导人啊。"

"这样的话我女朋友也说过，她说只要抱着自己喜欢的人就很好了。性高潮之类的并不重要……但是我还是不太相信这样的话。这是不是女人为了安慰男人才说的话呢？"

"啊呀……不是那样的！"

我花了很长时间向他解释，希望他理解女人的心思。不过我真实地感觉到那难以逾越的隔阂。

女人在性方面如何反应，对男人始终坚持的"正统男性身份"来说，仿佛一道具有魔力的咒语。"你好棒，好强哦"，只要给男人类似这样的信号，那么他们对对方心里究竟是什么感觉就都不在意了，即使对方是在演戏也无所谓。

以真实的一面来面对对方是理所当然的，但在性这个问题上，男人们希望暂时不必去强调这种理所当然。一些性能力不行的男人，甚至还会付钱去听那些赞美的假话。请不要忘记，某些时候，遇到某些男人，我们会需要如上的咒语。这种咒语比"芝麻开门"，"唵嘛呢叭咪吽"或者"急急如律令"还要有效。

# 第二章

## 好男人为什么常常做"坏事"？

当男人的自尊受到伤害时，会产生和分娩时的女人一样的想法和举动。他们的痛苦是那么揪心，就连受伤的原因在于他们自己这样的事实也无法承受。所以，他们就会把所有的愤怒和痛苦都转嫁到身边的女人身上。

# 与其变得"不像个男人"，
## 宁愿变成"坏男人"

　　美京一想起昨天的事就郁闷，她不知道交往了一年多的男朋友政勋居然还有那样的一面。

　　昨天，美京参加了政勋高中同学的聚会。美京曾经见过政勋的一两个朋友，但这么多人聚在一起还是第一次。除了政勋以外，其他人也带来了女朋友。美京和那些女孩子打招呼的时候，隐隐约约感到一种竞争心理，虽然很幼稚，不过美京相信，只要政勋对她表现得像平时那样多情，肯定会让那些女孩子羡慕的。政勋可是一个深情款款的男人。

　　但是没想到，昨天政勋的表现却和平时大相径庭，不但说话随随便便，竟然还数落起美京来，当着大家的面拿她开玩笑。一开始，美京不想破坏气氛，所以也就嘻嘻哈哈地附和着政勋的话，但慢慢地，她心情越来越差。

"你肚子上堆满了肉，所以才穿这种衣服嘛。"

听到政勋的笑话，朋友们哄堂大笑，其他的女孩子一边说着"啊呀，政勋你怎么对女朋友这么过分哪"，一边也哈哈大笑着。已经感到非常伤心的美京再也坐不住了，她找机会说了句"我好像喝多了，先走了"，努力维持着笑容起身离开。政勋跟着她，说要送她回去，美京生气地甩开政勋的手，独自坐进了出租车。美京在出租车里哭个不停。

今天一整天，政勋来了很多电话，但美京全都不理。打开短信收件箱，里面有政勋二十几条短信。"美京，接电话啊。有什么让你生气的事吗？""是因为我昨天拿你的肚子开玩笑吗？那纯粹就是个笑话嘛。""是我错了，别生气了。"政勋还认为她在为无关紧要的事情而生气，美京发现这一事实之后不免更加愤怒。她忍不住怀疑，政勋昨晚在朋友们面前随随便便对待她的样子，是不是就是他真实的样子。她开始考虑，在不算太晚之前，要重新定位他们之间的关系了。

我们先从结论说起，所有男人都有可能做出和政勋一样的事情来，尤其当政勋在同学中的地位并不是很高时。女人聚会的时候也会在无意识中把自己和他人比较，而男人更是化身为游戏中的角色，给每个人的战斗力打出分数。

"社会地位 10 分，财产 5 分，外貌 2 分，话语权 7 分，女人的经验 6 分……看来比我的战斗力强大啊。"

政勋在这堆男人中平均分较低，所以就必须用其他男性化的方式来对他的劣势进行补足。因此，政勋就表现出一副凌驾于女朋友之上的样子,他也只有通过这种方式才能在朋友当中保持他心理的平衡。男人的这种心态确实很没出息,但却是真实的。而且男人也知道自己的行为没出息,因此他们会把这种心态深深埋藏起来。

"那个人比我强,我可不想输给他。至少让他看到我可以随心所欲地支配我女朋友,这样就能让他知道我是个真正的男人了,不是吗?"

政勋即使到了为了这事要和女朋友分手的地步,也不会把自己真实的想法说出来。

你的男人走到哪儿都会带着这样的记分卡,所以,不管什么时候什么地方,他都可能做出和政勋一样的举动,只不过随着社会经验的累积有时会表现得老练和自然一些而已。聪明的女孩即使不知道男人的这种心理机制,也会配合男人那没出息的自尊心,在其他男人面前,以行动表现出"我对他那么俯首称臣因为他是个强悍的男子汉"。这样一来,他的"战斗力"就会直线上升。最后,等聚会结束,两个人单独相处的时候,即使给他一拳狠狠报复,他也会开心地任你摆布。

事实上,男人对女人做出令人讨厌的举动来,其背后的原因,几乎都是因为"男人的挫折感"。(当然,那种连尊重他人的基本人格都不懂,对女人恶言恶行的人不在我们的讨论范围里。那种人不仅不是好男人,根本就不是好人。)我们在此讨论的是具备基本常识和正常人格的男人,当他们意识到无法保持自己的男性尊严时，就会为了保护自己而做出任何事情。

　　我生孩子的时候，无痛分娩在韩国还不普遍，所以当时即使出现难产我也不得不强忍疼痛。虽然我很清楚生孩子的时候会非常痛，但真到了那个时候，那疼痛却比预想中要剧烈得多——我痛得全身都在发抖。这时，当通宵守在医院的老公出现在我眼前，我突然感到一种自己都无法解释的极度愤怒和憎恨，仿佛我所有的疼痛不是因为我自己，而是老公造成的。我因为疼痛连气都透不过来，老公却一有空就吃东西、打瞌睡或者上厕所。我恨得把他的手背都抓伤了，令他疼得叫出了声。想一想，其实他也很辛苦，但当时的我绝对无法站在他的立场上思考。他所有的辛苦和我的疼痛比起来一文不值，我对他做任何事都好像是理所当然。

　　当男人的自尊受到伤害时，会产生和分娩时的女人一样的想法和举动。他们的痛苦是那么揪心，就连受伤的原因在于他们自己这样的事实也无法承受。所以，他们就会把所有的愤怒和痛苦都转嫁到身边的女人身上。在男人们中间，区分好坏似乎是没有意义的，只有能干和没出息之分。如果你理解了男人为什么会做出那些"坏事情"，应该就能包容他们的那种行为了吧。

## 男人的语言——性

　　已经有两年婚龄的吴美京，那天为了信用卡的事和丈夫政勋大吵了一架。丈夫在冲动之下买了一个照相机镜头，导致这个月的家用出现了赤字。美京又生气又担心，希望丈夫答应以后再也不做这种事情。但是政勋却不断地回避问题，不肯认真交谈，顾左右而言他。气坏了的美京整个晚上都不和政勋说话，政勋则时不时丢出一两句"你不和我说话啦？""生气了？"之类无关痛痒的闲话，还打开电视机，看得咯咯直笑。上床之后，政勋突然暗示想和妻子亲热一下。美京对到现在为止都表现得没心没肺的老公感到非常愤怒，她抓住老公的手质问道：

　　"你真的除了这个，别的什么都不知道了吗？在这种情况下还想着干那事吗？你是动物啊？我在你眼里是完全没感情的性伴侣吗？"

美京对老公万分失望，甚至产生被羞辱的感觉。然而，会做出类似政勋那样举动的男人还真不少呢。不，事实上，大部分的男人都会做出类似举动，只是程度有所不同而已。男人动不动就想用性来解决和女性伴侣之间的问题，这是因为，性是他们表达情感的最好的语言。

男人们大部分都没有对话的素养。在生意场上或者工作当中怎么样暂且不论，但在人际关系里，如果发生棘手的问题，男人们即使只是想到要为此进行对话，也会觉得非常头痛。他们不认为对话是解决问题的方式。他们就像小学生一样，认为存在标准答案的数学题更容易回答，而那种有许多近似选择的语文题则让他们感到非常茫然，甚至觉得那毫无意义。如果非要进行这种对话，那么有一些单词在男人的世界里是不会被使用的，比如悲伤、孤独、哭泣、痛苦等。男人们无法将自己的感情，以这些代表懦弱的词汇表达出来，于是宁可闭上嘴。他们以行动代替语言来表达他们的感情，而这种行动只有两种，那就是属于男人范畴的武力和性。尤其是以健康的方式维持着男性身份的男人，通常选择的都是性。上述那个故事中，政勋想要和美京亲热一下的行为其实可以翻译成"我想与你和解"，那是一种非语言性的语言，而并非是美京以为的不管三七二十一只想做爱的"禽兽"行为。

对男人来说，性的用途有很多。对自己的感情了解得很少的男人们，当他们被情感的巨浪所席卷的时候，他们没有能力与他人进行交流以舒缓压力。所以，当他们非常伤心、非常高兴或者极度孤独、痛苦的时候，他们就会想做爱；当他们感受到很大的压力，感到需要通过什么方式来进行宣泄的时候，他们唯一能想到的就是性。事实上，很多男人在生活中遭遇问题的时候，都会产生性冲动，只不过有的男人付诸行动，而有的没有。但问题是，通过性其实并没有真正缓解压力。所以，心理治疗师建议男人们，当在非正常的情况下感到性冲动时，最重要的是搞清楚自己真正需要的是什么。

经常听到这样的说法，一对夫妇即使其他方面都不配，只要性生活和谐，那么他们就不会离婚。但这并不是说肉体的欲望可以代替和掩饰一切。用性作为语言来交流的前提在于妻子对丈夫的理解，夫妻间必须能进行真正的对话。如果没有这种相互间的理解和包容，那么也只能是一段转瞬即逝的激情。

我曾经试图和长不大的男人们解决对话问题，有过几次这样的经验后我发现了比性更好的突破口。比起威胁这些被欲望驱使的奴隶们，你可以采取更好的方式，也就是利用你的经验，对他们进行诱导和启发。这也是唯一的方法。如果这种教育能够成功，那么在你们出现感情冲突的时候，你所获得的将不会是一场没有多少情感成分的性爱运动，而将是一次值得恭喜的、令彼此愉悦的情感交流。

# 没出息的男人更容易给女人脸色看

　　公司职员柳美京有一个交往了三年的男朋友。最近，美京简直不知道该怎么和男朋友相处了。美京比男友先毕业，一毕业就在一家公司里工作，但男朋友求职失败已经整整一年了。男朋友的生活状况其实没有什么问题，但就是和美京在一起的时候，不知道为什么说话和行动都像个没头苍蝇一般焦虑。美京一边忍受着，一边对男朋友的这种表现感到疑惑。

　　"他最近意志消沉，所以是在我身上释放压力吧。我要忍耐再忍耐。"

　　但是慢慢地，美京越来越觉得已经到了忍耐的极限。即使和男朋友进行开诚布公的谈话也没有用。美京说："你的行为让我觉得很辛苦。"得到的却是冷酷的回应："别说这种觉得辛苦的话行不行，很无聊啊。"美京无法接受，自己什么都没有做错，为什么男朋友要给她脸色看呢。

昨天发生的事也是这样。

下班以后美京和男友见面，她那天一整天都很想吃牛排，所以就跟男友说去一家有名的牛排馆吃晚饭。但男友却说他对牛排没有食欲，想去冷面店吃饭。美京说她来付晚餐的钱，硬是把男友拉去了牛排馆。然而，整个晚饭过程中，男友的行为都怪怪的。他一遍遍地抱怨美京是不是疯了才会跑到这么昂贵但味道一点都不好的牛排馆来吃饭，又无事生非地叫来服务员，一会儿质问上菜为什么那么慢，一会儿指责饮料不够冰。在公司辛苦工作一整天的美京，本来满心期待着美味的牛排，可现在昂贵的牛排却味同嚼蜡。

美京困惑了，眼前这个幼稚的男人究竟爱她吗？他还是那个曾经机智幽默，和自己相处愉快的男人吗？美京结完账准备离开的时候，男友继续在边上发神经：

"以后再也别到这儿来啦！"

一听这话，美京彻底爆发了。

"好啊！下次我想吃牛排的时候就和别的男人一起来，你就一年 365 天，天天吃冷面吧！简直像个要饭的！"


我们在日常生活里经常会看到，那些没什么能力的男人对自己的女人很不好。一般人认为，发生这种情况的原因在于"那个男人是个窝囊废"，或者"那个男人就是垃圾"，诸如此类。虽然这些话并不完全错误，但美京的男朋友最初可不是像个垃圾那样出生的，他以前的行为也并非如此。事实上，所有的男人在自尊心丧失的情况下都可能做出像孩子一样无理取闹的行为。

女人如果失去了自尊心，就会爱坏男人。因为觉得自己不够好，所以对男人糟糕的对待，她们反而觉得理所当然，甚至产生安心的感觉。而男人如果失去了自尊心，就会折磨自己的女人。这和我们一直在讨论的"男人病"有很深的关联。

男人将他们的女性伴侣视为映射自身的镜子。比如，如果女人像美京那样说："我好累啊。"男人会把这话听成："你是个让女朋友感到疲惫的窝囊废。"如果女人露出不幸福的表情，男人就会联想到："你是个无法让女朋友幸福的无能之辈。"所以，当男人觉得是因为自己的原因而让女朋友痛苦的话，男人的"男性身份"就会受到伤害。对男人来说，这种伤害所引起的巨大痛苦是我们女人无法理解的。为了缓解哪怕一丁点这种精神上的痛苦，男人就会反过来折磨他的女人。而受到伤害的女人又会作出让男人更受伤的反应。总而言之，这就是一场伤害的恶性循环。美京的男友想以冷面作为晚餐，因为这是他紧缩的钱包所能负担得起的，可是美京却坚持要吃昂贵的牛排，这就伤害到了他固执的自尊心。他觉得这种伤害是因为他自己的原因所导致的，于是更加痛苦，并最终迁怒于美京，狠狠地折磨她。最终的结果是，美京感到非常难过，而看着她难过的男朋友则感到更深一层的痛苦。

这段时间我听过无数陷入痛苦循环中的女性读者的倾诉，她们都受到自尊心受伤的男友糟糕的对待，因而感到非常难过和无助。但奇怪的是，这种情况偏偏没有有效的解决办法。如果男朋友的状况慢慢好起来，找回了自尊心，那么问题就自然而然解决了。然而，如果一切都那么容易的话，也不至于走到这般田地了。上述事例中的美京是这样反问我的："那么……如果我男朋友得不到他想要的工作，是不是我们就不得不分手了呢？"

如果男人不能自己找到突破口，那么两性关系就很容易恶化到分手的地步。然而，如果你真的很爱这个男人，并认为所有的努力和忍受都是值得的，那么女人也不是完全无计可施。正确的做法，是让那个慢慢丧失男性自尊的男人重新感到"我是个真正的男人"。

说得极端一点，男人只有在感到自己是个真正的男人时，才会有做人的感觉。我们所知道的所有优秀的男人，同时也是优秀的人，而在那之前，他们首先都"自我感觉是真正的男人"。

作为雄性动物，当男人感到自己的男性自尊受到伤害，那么所谓人伦、道德在男人那里都是苍白的。越是无能的老公，越是不会帮妻子做家务，其中的原因也是一样。独自承担家庭生计的妻子，每天拖着疲惫的身体回到家，还要做饭、清扫，而失业的一家之主面对一堆家务却连手指头都不肯动一动。之所以会这样，是因为"家务事"被定义为属于女人范畴内的事情，如果要求男人去做，无疑是在他们受伤的男性自尊上撒上一把盐。对这种在外面和其他的猛兽搏斗时受了伤，回到洞窟中只想放纵自己脾气的困兽，女人只有两种选择，要么冷静地离开洞窟，去寻找另一个健康的雄性，要么治疗这头困兽的伤口。

如果你选择了后者，那么有几个已被证明是可行的做法。比如尽量在男人面前露出开朗的表情，经常称赞他们积极的行动，比如"真了不起啊"、"真是个男子汉啊"、"好能干哦"等。

可能你会觉得做这些非常累，但男人本来就是这样，我们能怎么办呢？在这里，有一点你可以参考一下，自尊心受到伤害的男人都会对自己的伴侣有一种期待，期待她们能理解和分担他的痛苦。那些能够和人生伴侣坦然分享一切的成熟男人，毫无疑问，都是在不知不觉中被陪他们共同度过难关的女人慢慢调教出来的。

## 喜欢"显摆"是男人的本能

　　结了婚的女人，不管是谁，都曾至少说过一次这样的话："我是上当受骗才结婚的。"未婚女性听到这话，会认为是习惯了婚姻生活的男人们那漠不关心的样子导致了妻子如此发作，有的时候已婚女子也相信这种解释。但实际上，女人往往并不明白"被骗了"这句话所包含的提醒意味——女人往往是在对很多客观事实并不了解的情况下就结了婚。类似的实例还不够多吗？也许，女人十有八九都会在结婚之后发现老公一两个不怎么令人高兴的真相。但是这些女人不会愿意在别人面前把丈夫形容成一个骗子，所以除了说"我是上当受骗才结婚的"以外，她们也不会再详细举例了。

　　我们其实很早就知道，男人因为自己的这种倾向而被形容为喜欢"虚张声势"、"夸大其词"。在喜欢的人面前尽可能表现出对自己有利的一面乃是人之常情，但是男人的"虚张声势"与女人的有所不同。和骗女人说婚后会如何如何这样的战略性伎俩有所不同，男人的那种夸张更多是出于本能，表现出一种不管对方是谁，都想表现得"强悍而有能力"的欲望。站在没有任何利害关系的角度上看，我们会觉得这种夸张是很自然的。即使是在社会上受人尊敬的成熟男人，有时也难免做出这样的行为。我觉得男人适当的"虚张声势"或"显摆"对事业和爱情来说都会有一些帮助，但有时也会看到一些浮夸过头的男人。

朋友给二十多岁的公司职员徐美京介绍了一个男人。朋友介绍的时候，把那个男人说成是绩优股中的绩优股，条件不是一点点的好。美京虽然纳闷，这样的人为什么到现在还没有女朋友，但还是心情激动地前去赴约。见面之后，发现介绍人并没有夸张，第一印象倒真是不错。美京心中暗喜。

综合来讲，他是一个这样的男人：

他从261比1的竞争概率中脱颖而出，进入了这家大公司。在公司里，他所工作的部门如果没有了他就无法运作。即使只见过他一次的女职员也会对他心生好感。他所促成的海外合约在韩国的产业史上是有很大影响力的，在一定程度上打破了纪录。他的口才和直觉是人们一致认可的。他和著名企业的代表或者在大企业中身居要职的人都是关系很好的朋友，和社会名流也私交甚好。他现在开的车是德国产的名牌车，开这车并非为了炫耀而是的确与他的身价相符。

令美京惊讶的是，他在说这些话的时候态度非常自然，所以美京也放下心来，没有感到任何不对劲的地方。美京想着，一个如此出色的男人肯定不会看上像她这样的女人，于是在第一次约会后心中若有所失地刻意与他保持着距离。不过令人意想不到的是，那个男人又打来了电话——真是一个无可挑剔的好男人呢，两人于是继续交往下去。然而，随着见面次数的增多，美京越来越觉得这个男人很奇怪。所谓创造新纪录的海外合约是他公司基层部门获得的成果。在见过他那些所谓厉害的朋友之后，美京发现那也不过是些平凡的人。他的同学当中确实有一个比较有名，但那个人也只出席过一次同学会。他开的那辆德国产名车原来也是属于他父亲的。他所说的话当中虽然没有假话，但实际情况总结下来，他其实只是一个"连续几次公务员考试失败，成了家中最令人伤脑筋的人，最近多亏了叔父的帮忙才和一家大公司签了约，视有权势的朋友为保护伞却又因被他们看不起而备感压力"的平庸的小职员。

　　男人那种过分夸大其词的习惯是他们一种非常严重的心理疾病，也表示男人有着强烈的自卑感。大部分女人会很快地察觉到事实真相，这也是与美京相亲的那个男人这么久都交不到女朋友的原因。过程再次省略不提，但可想而知的是，美京最终的选择也和其他女人一样。

　　奇怪的是，男人们的这种自卑感并不完全是因为男人自身的社会条件不够好。我曾经看到过一些从韩国最高学府毕业，高职高薪的男人却依然有着深刻的自卑感。他们因为某些原因而遭遇挫折，男性自尊受到了伤害。一部分受挫折的男人会把自己埋藏在自我的深渊的更深处，而另一部分为了补偿那残缺的一面，将自己过度包装，并让自己也相信那种包装过的自我是真的，以此来进行自我保护。对自我的可能性进行高度评价和对自己的现实性进行夸张评价是完全不同的，前者是自尊，后者则是妄想。

有一些男人，他们把自己的男子气概无限夸大，同时又瞧不起女性。人们用"Macho（伟男、肌肉男）"这一源自西班牙语的心理学术语来称呼这些男人。存在主义先驱、西方世界最重要的哲学家之一，尼采，非常憎恨女人。他具有强烈的反女性主义倾向。他认为女人徒有其表、浅薄愚蠢，是以外表欺骗男人的狡猾的动物。一部分男性沙文主义者也借用尼采的名言来作为他们贬低女性的依据。然而，尼采一生中除了自己的母亲，就没有真正接触过其他的女性，最终从妓女身上感染梅毒而死去。后来的心理学家们认为，尼采憎恶女性与他在性功能上的自卑感有关。

男人们会习惯性地讽刺或批评他们自己害怕的对象。害怕，也是在男人世界里无法被堂堂正正表现出来的情感。像尼采那样过分藐视女性的男人，很可能就是根本不敢和女人说上一句话的男人。

对那些虚张声势的男人或极端藐视和批判女性的男人，我们只能视其为懦夫。不过，也不必过分批评他们，他们只是没有能力隐藏那种所有男人都患有的"男人病"罢了。

## 每个男人心里都藏着一个绿巨人

　　那天，大学生成美京和男朋友周政勋按照惯常的程序约会。美京缠着政勋，希望两个人出去吹吹风，来一些新鲜的活动。

　　"我好想去游乐场，我们找个时间出去呼吸下新鲜空气吧。"

　　"好啊……找个时间吧。"

　　但两个人真的约时间却不是件容易的事。奇怪的是，政勋提出的时间，美京往往有事。好不容易两个人都有空了，他们便一起去餐厅吃饭然后逛街购物。美京试了几双靴子，接着两人去电影院准备看电影，却发现那家不是3D电影院。

　　"这部电影在一般的银幕上看没什么意思，我们去别的电影院吧。"美京刚说完，政勋突然拔高嗓门，生气地大声说道："好吧，你一个人去看吧！干吗总是拉着人跑东跑西的！"

不等惊慌失措的美京说些什么，政勋已经大步流星地走出了电影院。

政勋究竟为什么会这样呢？

接下来，我们从政勋的立场来看看当时的情况。

前一次约会那天，政勋得知自己之前的实习申请被拒绝了，虽然本来就知道不可能一蹴而就，但他的心情还是不由自主地跌入谷底。不过对美京他却执意不肯吐露心事。

问题出在美京身上。那天，美京不知说了多少次要去游乐场，喋喋不休。当时政勋的脑子根本没有想好要去那儿，只是嘴上敷衍一下："好啊……找个时间吧。"但美京却继续缠着他问到底什么时候去。虽然政勋心中一阵烦躁，不过还是忍住了，答应约个时间。可是不知道为什么美京就是那么忙，两个人的日程怎么都配合不起来，到最后似乎只有周末才行，可是在那种到处都是小学生的周末去游乐场，是多么累的事情啊……

从咖啡馆里出来，美京说要去附近的百货公司，她说有看中的靴子，百货公司又在打折。本来以为既然有看中的靴子，那买走就行了，没想到，在人头攒动的百货公司里，美京把十几种颜色的靴子一双双试穿过来，还一个劲儿地问他好不好看，结果最后还是买了最初看中的那双。

已经快被疲劳和烦躁压垮了的政勋，本以为这一天就此结束了,但没想到,美京又说要看电影。政勋已经累得连讨论的精力都没有了,只好说要看电影那就去吧。于是,他们一起去了最近的电影院,却又发现不是 3D 立体影院。政勋说就在这里看吧,可是美京却坚持要再去别的影院。

这时,政勋的心里好像突然喷出了一束火苗,失去理智大吼起来……

如果你还没有看到男朋友以这种方式发火的话,那么显然你们交往的时间还不够长。只要是男人,大都体会过和政勋相似的感觉,所以男人们对政勋的心情完全可以理解。然而站在女人的立场上,她们唯一看到的,就是一个仅仅因为听到要换一次电影院就抓狂发火的男朋友。女人看到一直以来都温柔体贴的男朋友突然大发雷霆,必然感到不知所措。也许,在这个故事里的美京做梦也想不到政勋愤怒的原因,但其实,政勋自己也未必知道为什么会突然火冒三丈。

就我的经验来看,如果这个时候问男人为什么生气,他只会回答:"都是她惹出来的。"但是如果再追问他究竟在气什么,他肯定回答不上来。这个时刻,也正是女人感到完全无法理解男人的时候。

男人们的这种"暴怒"状态,是因为男性的情感没有得到及时释放,其热量急剧上升,最终造成过载。在同样的情况下,女人会事先告诉对方自己在实习申请中落选了,心情很差,那么对方就会更加小心地照顾女人的情绪,这样就在第一时间里阻止了发生过载状况的可能性。但是男人们总是认为"事情还没有严重到不得不说的地步",所以往往闭口不言。那么女人自然也就没有办法配合男人的行动。而那慢慢升温的情绪就像水蒸气一样逐渐膨胀，不知哪一刻，再也无法被压抑在理性的水壶里，突然爆发，冲将出来。正因如此，这种突发的愤怒也是很难平息的。

著名的美国系列电影《绿巨人》里，那个平时看上去简直像个书呆子一样的斯文男子，一旦怒火燃烧，就会变成无人能敌的怪物。男人们心中积压着无数可能引发怒火的燃料，而这部电影则给了他们一种替代性的满足感。

从某种意义上来讲，所有的男人都是绿巨人。

男人会突然爆发的原因还有一个。所有人类都是需要将感情向外释放才能正常生活下去，但是对男人来说，悲伤、孤独、恐惧这样的感情是很难通过语言或行动来表达的。男人能够自由表达的感情只有愤怒。生气发怒，像绿巨人那样情绪骤变，像活火山一样瞬间爆发……男人们把自己所有消极的感情一股脑儿全都通过愤怒表达出来。进一步说来就是：悲伤的时候发火，恐惧的时候发火，绝望的时候发火，孤独的时候还是发火。

按照美国心理学家史蒂文·斯托斯尼的说法，当人们对自身产生怀疑，有无力感或自我意识萎缩的时候，愤怒可以起到缓解的作用。男人在发火之后会暂时感到自己更有男子气概了。这种感觉在生理学上和麻药有着类似的作用，会引起一种上瘾的症状。经常发怒的男人可能并不是因为其原本的性格就是如此，而是对愤怒上了瘾。

虽然愤怒是比较符合男性性格特征的一种感情释放手段，但男人们也知道，作为社会动物的他们，如果随时发火会危及他们的社会关系。所以，有些男人只要遇到不能对他们发火的人，就随时准备好向对方发泄情绪。他们会对马路上行车缓慢的女人或者从事服务业的人员拼命地高声喊叫。

有一点，女人一定要明白，当一个平时看上去完美无缺的男人突然经常发火，那么毫无疑问，这是一个寻求帮助的信号。请记住，男人的抑郁症很多时候是通过发火来表现的。*

对别人发火生气，恶言相向，虽然是懦弱的，却也是那些无法表露内心懦弱的男人们寻求帮助的一种方式。

---

\*编者注：详见本书 P189 "警惕：男人的抑郁症"。

## 会说话的男人不一定会"对话"

30岁的职员黄政勋和一群很久不见的大学同学一起吃晚饭，一位去年结婚的同学带着妻子一起来了。同学对妻子说，政勋早就想让她介绍些未婚的女性朋友给他，所以让妻子和政勋先好好聊一聊。政勋一听到"介绍"两个字，立刻热情地主动和同学妻子聊天。

作为一个经验丰富的销售人员，政勋伶俐的口才和出色的幽默感，很快就让气氛变得其乐融融。过了一会儿，同学的妻子聊起职场上的事情，她说她特别企划推出的商品卖得非常好。政勋随声附和着，并说：

"现在的时机非常好啊。这次因为有世界杯当然大卖啦。"

听了这话，同学的妻子犹豫了一下，转换了话题。

"……在恋爱的时候两个人一次面都不见难道正常吗？说是说恋爱两年，怎么会在这期间互相完全不联络呢？不过男人和自己的同性好友如果很长时间连一通电话都不打，突然间联络后还是可以若无其事地见面吧。"

"这话存在逻辑上的矛盾。其实男人在接到很久不联络的人打来的电话时，也会想：'这人是不是开始卖保险了？'"

"不是啦，我的意思是说，看周围的情况普遍都是这样的。"

"那么这就是普遍存在的误解了。从周围看到的几个事例就对整体进行判断，这难免有些……"

大家天南海北地聊着，聚会在欢快的气氛中结束了。然而过了好几天，政勋都没有接到要给他介绍女孩子的消息。政勋忍不住给同学打电话询问，同学的回答却吞吞吐吐：

"这个嘛……好像是本来打算介绍给你的女孩子……嗯……听说已经有男朋友了。"

同学不是个善于说谎的人，政勋听出有些异样，似乎是同学的妻子不想给政勋介绍了。不想让同学为难的政勋很快挂了电话，却百思不得其解。气氛那么好，到底哪里不对呢？

作为女人的你，一定看出问题的症结所在了吧。

首先，当同学的妻子说起自己企划推出的商品卖得非常好时，政勋却说是因为运气好。政勋觉得那商品上市的时机很好，于是就直接说了出来，但是在同学的妻子听来，却感觉是在贬低她的能力，因而心情大坏。在接下来的话题中，政勋再次以类似的方式破坏了对方的心情。同学妻子想说的意思是："男人之间即使不常联络也能维持彼此的关系。"但是政勋并没有去理解对方的本意，而是提出了逻辑上的问题。虽说是"无意冒犯"，却已经实实在在地冒犯了对方。在此之后，政勋仍在以同样的方式不断冒犯着同学的妻子。

把出问题的部分直接拿出来分析，任何人都能够听得懂。但在实战中，还是有很多男人会不假思索地使用这样的说话方式，出了问题也茫然不知。

虽然人们常说男人没有女人那么会说话，但其实这是一种偏见。在正式的辩论中，有很多男人说起话来会让女人感到透不过气。为了扩展自己的人际关系，在说话这件事情上身经百战的男人们，非常懂得如何将自己的论点和论据相互搭配，起承转合，凤头豹尾。但是，在那些善于引经据典的男人中，却有不少是不懂交流的。很会说话和很会对话完全是两回事，男人们常常因为不善对话而对女人造成伤害。

女人之间进行对话的时候，如果其中一方心情不好，对方大都能从她夹枪带棒的话语中听出端倪。除了少数感觉比较迟钝的女人，大部分女人都清楚地了解自己所选择的语言会对对方造成何种情绪上的影响。可是男人们却经常在本无恶意的状态下，漫不经心地说出一些对他人造成巨大伤害的话语。男人们有时仿佛浑然不觉对方是一个对自己充满善意的好人，一副要终结所有感情的架势，执意要向对方投掷原子弹。所以对我来说，列出最讨厌的男人可能比较容易，而筛选出第二讨厌的男人反而比较花时间。那是因为那种讨人嫌的男人中既有的确是人格出了问题的，也有很多只是缺乏对话能力的。

男人常常变成"善意的毒舌"，原因就在于他们包容感情的能力不足，心胸比较狭窄。他们觉得，只要实事求是地说出来，对方就没理由受伤。但在人与人之间的对话中是不存在裁判的，使彼此交流融洽互相理解的"真心"远比"事实"来得重要。

男人们没有对话能力的原因还有一条，那就是男人们讨厌对话的程度已经到了令人发指的地步。不久之前看过一部犯罪小说，其中一个场面赤裸裸地道出了这一事实。

杀死数名女子的连环杀人狂终于落网并接受了审讯。男审讯官告诉他，即使坦白罪行，他也必将被执行死刑，男性杀人犯于是乖乖地坦白了所有的杀人过程。最后，他又转过头面向女审讯官，补充了这么一句话：

"杀人就像做爱一样。但是最后我发现，杀人不需要对话，所以比做爱更美好。"

虽然那个用杀人来代替性爱的连环杀人狂是个虚构的人物，但大部分男人的确都很讨厌对话。尤其是那种需要交流个人情感的私人对话，更是让男人感到窒息。在这样的对话中，倾听比述说显得更重要，但男人往往没有聆听对方的能力。你要做好心理准备，你在说话的时候，你身边那个不断点头的男朋友很可能根本没在听。他对你说的内容根本不关心，只是为了避免给你太不着边际的回答而努力做着准备。

可到了结婚以后，他们连这种努力都放弃了。在我看来，男人一有机会就想和恋人尽快结婚的原因，就在于可以不必再费力和女人进行对话了。男人们装出喜欢对话的样子坐在恋人面前，这和女人约会前花几小时化妆，在约会中克制本不亚于男人的食欲是一样的，都需要额外的精力。

如果想看到男人的真心，那么比起语言来，女人应该更关心他们的行动。至少，如果你看到他努力表现出不说错话的态度，那么即使他傻话连篇也就报以宽容的一笑吧。

## 当男人心不在焉的时候

有一次，我搭乘一辆从剧场到停车场的循环巴士。我正好站在一个男人边上，他坐在位子上，而4岁左右的小女儿坐在他的膝盖上。

"爸爸，爸爸！那些人为什么走路啊？为什么不和我们一样坐车啊？"

小孩子看到有那么多人不像我们一样舒舒服服地搭乘循环巴士，而是选择走路返回停车场，于是露出好奇的表情。

然而，那个男人却好像听不懂小孩子的话那样，不断反问：

"嗯……嗯？"

"那些人为什么走路去啊？"

对小孩子不断重复的问题，男人终于开口回答：

"就是因为走着去嘛。"

听了老爸"很有诚意"的回答，小女孩显然很迷茫。她虽然没有理解，但不管怎么样，至少不再针对父亲的回答继续追问了。然而，长大了的女人们，当她们的男朋友或丈夫，给出那种实在令人无法相信是经过大脑思考后的答案时，就不会如此轻易地善罢甘休了。她们不怀疑身边男人的心智，那么问题自然就出在男人的"诚意"上了。当男人说出那种话的时候，你看着他那失去焦点的瞳孔，心中有种绝望吧——仿佛你在他眼里是完全不存在的，他的灵魂此刻到底飞到哪儿去了！

事实上，女人很难看到处于恋爱初期的男人出现这种"灵魂出窍"的现象，那是因为，那个时候男人所有的注意力都在恋人身上。男人大脑中链接左脑和右脑的脑梁不是很发达，所以无法同时关注两件以上的事情。当他们的思想集中在某一件事情上时，很难把注意力快速转移到其他事物上。当男人陷入自己的思考中时，别人问他们问题，他们无法迅速地作出清醒合理的反应。就好像那种开了很多窗口执行各种工作任务，就会导致速度奇慢的老式电脑一样。在恋爱初期，男人们全身心都投在女朋友身上，思想高度集中，因此不大会出现神情恍惚的样子。但是这种保持精神高度紧张的恋爱情绪，在心理学上说来是不正常的状态，在中世纪的时候甚至曾被看成是一种精神病。在关系发展了一段时间以后，彼此的精神都会恢复到自己本来的状态，而对男人来说，做出或说出一些不经大脑思考的行动或话语，都是题中应有之义。

　　曾经有一位正处于热恋期的女性朋友，跟我聊起她正为男朋友的各种奇怪行径而烦恼。她的男朋友常常陷入沉思，连叫他名字都一副茫然不觉的样子，而且对我朋友的话也老是给出驴唇不对马嘴的回答，让我朋友觉得自己完全被男友忽视了。

　　"是不是开始讨厌我了呢？是不是有其他女人了？再或者，有什么不好的事情发生而我不知道呢？"

　　满心不安的女孩儿于是对男朋友不断追问，结果导致那段时间两个人频繁争吵。女孩子们应该经常看电视剧吧，电影或电视里经常出现这样的画面，心中有烦恼的男人茫然地望着远方的群山，什么都听不见，什么都不想说。男人本来就是一有空就会胡思乱想，而且很难从那种状态中抽离。当男人们望向远方的时候，手里的报纸或手机就立刻消失了，恋人或者家中的烦心事儿也都不存在了。

　　当男人发呆的时候，非常讨厌听到女人追问"你在想什么"。如果他回答你："我正在想着你。"那毫无疑问，他是个情场高手。我在恋爱的时候，也曾经很多次问过老公这样的问题，并且真心想知道他究竟在思考什么。每当这时，老公总是这样回答："没什么啊，我什么都没想。"不过我总不相信他的话，同时期待着，他将我放在心里最重要的位置，并对我进行着一些深刻的思索。那个时候的我，怎么就没有考虑到他的个性就是那么直来直往呢？

现在，当我和老公在一起的时候，如果看到他对我随意说的话没有任何回应，我会自顾自地说我想说的。而他的心正飘浮在异次元空间里，在那里缓解所有的紧张情绪。当我真的需要和他进行对话的时候，我会用手轻轻拍打他的肩膀，把他唤醒。当他的视线与我相对时，我就知道已经成功把他重新带回这个世界了。这么做，可以帮助我预防在之后的对话里，产生自己不过是在和他的另一个分身说话的怀疑。

男人对你说的话表现出一副茫然不觉的样子，这情形时有发生。如果你发现他对你的问题给出非常弱智的回答，或者开始听不见你在说什么了，你要明白，那并不表示他已经对你变心，而是预示着你们需要努力对彼此的关系进行一些调整了。与其每天在同样的场所和环境里约会，考验他对你的注意力，还不如和他一起关心一些新的事物，并乐在其中。

男人比你想象的要单纯，也因为如此，理解他们反而那么困难。

# 第三章

## 康德主义的女人，功利主义的男人

男女重视现实的方式是不同的。女人会在恋爱初期先摸索对方的底细，对男人的条件一一研究。不过一旦开始恋爱并渐渐深入之后，女人就不会轻易退缩。但是，对于男人来说，即使已经进入恋爱阶段，如果察觉到未来可能出现不幸福的前景，很多时候男人会立刻收回自己的感情。

## 什么样的"好女人"能入男人的眼?

大学生周美京经不住同年级男生明政勋的唠叨，终于答应帮他介绍女朋友。美京问政勋喜欢什么样的女孩子，政勋毫不犹豫地回答道：

"只要好女孩儿就行啦。"

美京闻言，冷笑着说：

"你指的好是要脸蛋儿好，身材也好吧?"

"不是啦，我真的不在乎女人的外貌，你问问别人就知道了，我的眼光并不高的。"

听着政勋一本正经的回答，美京不再怀疑，同时心里想起了一个人。

"好，我倒是可以给你介绍一个我认识的最好的女孩子，那真的是个好女孩儿，好好跟人家相处吧。"

美京立刻给一位在社团里认识的朋友打电话。美京常常怀疑这个女孩是不是上帝派来人间的天使，她连续几年在老人院做志愿者，还助养了非洲难民的孩子。周围的人一有什么困难，她都热情相助，并以灿烂的笑容面对所有人。只要是认识她的人，没有不喜欢她的。美京常常为这么好的女孩儿却没有男朋友而感到万分焦急，现在很高兴地发现有一个焦急寻找好女孩的男人，她相信他们俩应该会很合适的。

美京给了他们俩彼此的联系方式，安排他们见面。第二天，美京满怀期待地询问政勋。她已经提前和朋友通了电话，听上去朋友对政勋还是很满意的。

"怎么样？真的是个好女孩儿吧？"

然而意外的是，政勋露出了为难的表情。

"这个嘛……在我看来，她好像也太过分了。"

美京一听，顿时觉得后脑勺被人猛击了一下。虽然她清楚，男人说"太过分了"和"不满意"根本就是同义词，但她没想到，政勋甚至都没有欣然同意那是个好女孩儿。到底是为什么呢？虽然美京知道，男人们在谈到好女孩时，对外貌也还是关心的，但不理解的地方也在这里。美京的朋友虽然不是个大美人，但也绝对不是"恐龙"——究竟是什么原因，让政勋对这个如天使般善良的好女孩儿这么不满意，都不想再见第二面呢？而更大的疑问，在几个月后美京看到政勋新交的女友之时出现了，那个女孩儿是个在女生们中间被评判为"狐狸精"的自以为是的低年级学妹。

明政勋的本意究竟是什么呢？是不是因为，男人担心如果说了"不管怎么样都要介绍漂亮女生给我"这样的话，会

105

让人对自己的人品产生怀疑呢？或者是因为，他们那种寻找好女人的理性无法战胜渴望漂亮女人的本能呢？虽然有很多可能性存在，男人们也可能因为其中任何一个原因做出和政勋一样的举动，但还有一个女人们无法估计到的，非常重要的原因，那就是，男人认为的"好女人"和女人认为的"好女人"是完全不同的概念。

男人们有一种需要通过女人来确认自己男性自尊的要求。这一要求通过两种相反的方式得到满足。一方面，男人通过对女人的统治感来获得自信心；另一方面，男人如果能掌握难以征服的对手的心，那么在这一过程中他将品尝到成就感。如果女人不拒绝男人，对他所有的要求都甘心接受，那么男人就能从第一方面满足自己的要求。满足他们这种要求的女人就是他们认为的"好女人"。换句话说，男人嘴里的"好女人"和善待老人孩子、关怀身边人的"好女人"是不同的，男人所指的"好女人"就是"乖乖听我话的女人"。但是，做个"好女人"也并不是那么简单，因为男人还存在另一方面的要求——无法让他们体会成就感的，太容易得到的女人也不是"好女人"。

在村上春树的著名小说《挪威的森林》里，女主人公直子就是男人们所说的好女人的典型。直子是男主人公渡边死去好友的恋人，两人之间有着某种微妙的情感，但直子顾虑到渡边是死去爱人的朋友而无法接受他的爱情。然而即使如此，直子在任何情况下都不拒绝渡边。当渡边要求见面的时候，直子会去见他，适当地表达爱情；在他渴望的时候，甚至允许一些适当的性接触。她不会一下子完全成为渡边的女人，这一点深深刺激着渡边的自信心和征服欲。一般的男人和直子在一起时都会感到自己是一个真正的男人。所以，渡边即使身边有了活泼可爱的绿子，却还是不断渴求着他得不到的直子。深究起那些是是非非，你可能会觉得，不愿表露全部的心意，把对方的心像人质般紧紧抓住的直子应该是个坏女人，而爱情表达稍嫌过激但坦白率真的绿子应该是个好女人。可是现实中的大多数男人都相信，直子是个好女人。

上述例子里，周美京介绍的女孩儿或许不是那种会乖乖听男人话的类型，同时，明政勋新交的"狐狸精"女朋友，虽然从外表上看华丽而有性格，但很可能骨子里还是一个不会拒绝男人的女人。仔细回想一下我发现，那些让男人肝肠寸断的女性朋友们基本上都有共同的特点。跟男人说话的时候，她们常常会给出残忍冷酷的回应，但到了真在一起的时候，却表现出无比的深情和宽容。最后，当她们拒绝男人的时候也会说："我很爱你，只是迫不得已，身不由己。"现在看来，不管这些女人的行动是出于本能还是出于经验，总之她们充分刺激着男人的自尊心，满足着他们的心理需求，而这些女人能拥有比较美满的婚姻生活也绝非偶然。

你可能是一个无论如何都不愿配合幼稚男人的幼稚心态的女人，即使再活一次，你也不想成为直子，而依然只想当绿子。即便如此，你也还是有必要了解一下男人的好坏标准。那些说喜欢"好女人"的男人们，到底为什么害怕你这么一个对所有人都很好的博爱主义者呢？

"对别人不怎么样，偏偏对我好。"这会让人觉得自己对异性很有吸引力，在这一点上，"好女人"和现在女人们口中经常提到的"坏男人"一词有着类似的意义。不过，被"坏男人"吸引可能只是某些女人独特的喜好，但请记住，喜欢"好女人"却是全世界男人的共同倾向。为了那个希望从你那里获得肯定的软弱的男人，适当地做一下"好女人"也并不是件可耻的事情。

# "暴力"是男人心底的休眠火山

　　10 岁的淘气鬼小尼古拉在妈妈的苦苦劝说下，终于答应去参加邻居家小女孩的生日派对。真的去了以后，尼古拉发现生日派对上除了他以外全部都是女孩子。面对占绝对优势的一群女孩儿，腼腆的尼古拉害羞地和她们一起玩。妈妈回家后在爸爸面前夸奖他，说他和一群小朋友们玩得很开心，表现得既乖巧又绅士。听了妈妈的话，爸爸露出了惊讶的表情，问尼古拉：

　　"尼古拉，你真玩得那么开心吗？"

　　话音刚落，尼古拉突然大哭起来。爸爸完全理解儿子的心情，立刻带他去了电影院。尼古拉在那里看了一场充斥着西部牛仔的枪战片之后，终于心情愉快地回家了。

这是勒内·戈西尼在20世纪70年代发表的系列漫画故事《小淘气尼古拉》中的一段故事。虽然是几十年以前的作品了，但到现在为止，也不会有男人不理解那段故事中尼古拉的心情。虽然不是直接使用暴力，但对所有男人来说，西部枪手所代表的力量就是男性自尊最强烈的象征。

自古以来，男人们一直都为了证明男人比女人具有更强的力量以及暴力倾向是正当的而努力寻找证据。甚至于，20世纪初有人主张，作为人类直系祖先的类人猿就是具有暴力倾向的。首先发现南方古猿化石的人类学家雷蒙德·达特指出，当古猿从摘果子吃发展到杀死其他动物并吃它们肉的时候，才是真正向人类进化的开始。这些话里似乎包含着这样的意思：任何动物都不会为了自己生存以外的原因而去杀害其他动物。狮子为了捕捉一头羚羊需要投入多少力量，人类不得而知，但大部分的猛兽，它们在捕食猎物时所耗费的巨大能量，在没有理由的情况下，是不会花费在伤害其他动物上的。只有人类才会为了生存以外的原因而去费尽心机伤害其他生命。残忍是人类才有的特征。

这种"暴力使人类成为万物之灵"的主张也很自然地让男人认为，他们成为世界的主宰是理所当然的。所以，在男人支配的世界里，用暴力手段推动社会向更高的文明阶段发展的现象是司空见惯的。朝鲜壁画中描绘了许多人们骑马射猎的情形，这些猎杀动物，取肉而食，取皮毛为衣的人都不是平民，而是贵族。这不禁让人想起那句话："只要够勇猛，猎人能做哲学家（大卫·休谟）。"但是，当我们试图在残忍和暴力中寻找人性和文化的时候，最终会发现这样一个答案：将努力抑制暴力的历史，看做文化史，或许比将暴力本身作为一种文化更为恰当。

　　我对现在的某些媒体将暴力美化、正当化的描述感到非常担心。电影或者电视剧里通常会特别鼓吹有能力的男人，而我有时也会对电视剧里那以一敌十，并勇猛地将敌人撂倒在地的男主角深深着迷（现实生活中再厉害的武术高手要一次性制伏三个成年男性都是困难的，而电视剧里，街边的神勇古惑仔最起码也能一次性撂倒五六个对手）。

　　现在还有很多父母会说："棍棒底下出孝子。"这些父母和上述那些媒体不是正在给暴力赋予正当性吗？使用暴力的男人会殴打手无缚鸡之力的女人和孩子，他们相信像个暴徒一样对待对方是正当的。他们一贯的表达就是："就是该打嘛！"

　　对于禁止自己表达感情的男人们来说，唯一能自然表现的情感就是"愤怒"。令人意外的是，不少人都同意，当愤怒到达极限之后就应该以暴力来发泄。进一步来说，也就是认为"忍无可忍便无须再忍"。这种想法已经在男人心里根深蒂固。跟男人们说"无论以什么理由，暴力都是无法容忍的"，或者"人们应该友善地生活下去"这些话，他们会觉得是陈词滥调，没有任何说服力。

　　不懂得如何用其他方法解决问题，或者没有能力克服愤怒的男人们，当他们使用暴力的时候，哪怕只是一时的，也因为能够控制别人而感受到一种满足。他们通过暴力，自己为自己肯定了男人的自尊。即使什么都得不到，他们依然会依赖暴力，因为暴力被认为与"男人味"最为接近。对这些暴力型的男人来说，比死亡更可怕的是暴露他们的内心。使用暴力的男人事实上往往是最不像男人的男人。

暴力就其本身而言，当然会毁灭男人和他身边人的生活，但更需注意的是渴望使用暴力的心理状态。万一你发现某个男人不自觉地产生殴打别人的冲动，无法抑制这种冲动且这一心理状态不断持续，那么就是该让他接受心理治疗的时候了。"因为他是个男人"，"因为发火了，当然会那样啦"这种话，都是绝对错误的。暴力并不单纯是多血质性格的表现，而是人格出现问题的反映，是证明这个男人没有能力的证据。而且，这也是无法通过让他反省错误就可以改正的。

在自然界里，雄性动物一般都比雌性动物拥有更强健的肌肉和更高大的躯体，它们担负着保护雌性动物和幼崽的任务。即使是不善捕猎的公狮子，虽然需要从母狮子那里分得食物，但只要发现有猎豹之类的猛兽在对它们的孩子虎视眈眈，它们也会奋力反抗。同样，大自然给了男人比女人强出1.5倍的肌肉，为的是让男人保护传承他们血脉的子嗣和养育这些子嗣的女人们。假如，你遇到的那个男人无法接受这样的道理，那么即使他长得像玄彬或者 Rain，也请赶紧离开，一秒钟也不要迟疑。

# 男人们"不像男人"的分手方式

　　邱美京和那个算得上是初恋的男友宋政勋最后一次见面，已经是两周前的事情了。他们是在朋友聚会上认识的，交往了 6 个月。美京在和政勋最后一次见面时并没有感到任何不妥，他们和平时一样吃饭、看电影，然后各自回家，这就是那天发生的全部了。但从那天以后，政勋再没来过电话或短信，美京给他打电话他也不接。美京有了不好的预感，于是给介绍他们认识的朋友打电话，不过那朋友也说，政勋没有来过电话。

　　是出什么事故了吗？是身体突然不舒服了吗？美京担心得辗转难眠。那天，美京再次给政勋打电话，那头却传来此电话是空号的提示音。政勋居然换了号码！完全无法理解这一切的美京在恋爱网站上将这一事情贴了上去，没想到一分钟不到，回复就一条条上来了。

"已经两周了还打电话给他吗？他不想理你啦！"

"你还在恋爱初级阶段吧。那是男人要和你分手啦！别再犯傻跟他联络了。"

"赶紧忘了他，找个别的男人吧。"

......

受到刺激的美京泄气地瘫坐在椅子上，一时间无法动弹。

在小说或电视剧里，那些坏男人和女人分手时所用的方式还言犹在耳。

"对不起，以后我们别再见面了。"

"我喜欢上别的女人了。"

"现在我觉得烦了，以后别再出现在我面前。"

......

然而，在分手时能如此明确地决定彼此关系的男人，是非常自信和充满勇气的，可谓是"真正的男子汉"或者"打落牙齿和血吞的好男人"。然而现实中这样的男人并不多见。无数的男人宁可消失也没有勇气提出分手。我问过很多来自不同国家的朋友，结果发现，大部分男人在面临分手的时候选择人间蒸发，这是一个全世界普遍存在的现象。

即使是这样，现在的女人们还是值得庆幸的，她们可以像美京那样通过网络获得众人的经验之谈。20 年前的女人们只能对自己说，男朋友大概是患了绝症进了手术室吧，或者是遭遇意外得了失忆症，所以从此杳无音信。

114

那个曾经相爱过的男人竟然做出这种连最后的情分都不顾及的举动，女人所受到的伤害可想而知。但另一方面她们也十分困惑，究竟是为什么，男人偏偏要选择这样的分手方式呢？单纯将其解释为"讨厌在纯粹的爱情中考虑繁文缛节"，想必是不够的。想想看，随时担心电话铃响，每一个来电都让自己心惊肉跳，绞尽脑汁避免和那个女孩见面……这难道不比主动打一通电话来得辛苦吗？而反过来，对女孩子来说，"我们以后别再见面了"却是不难出口的话。

　　男人们大都很讨厌对话，尤其是关于人与人之间关系和感情的对话更是让他们感到窒息。从小就被强调要具备男子汉气概的男人们，对于表达感情会产生陌生感和抗拒感。如果男人向女人提出分手，女人当然会问原因，那么势必导致一场冗长的对话。谈论积极的感情都会令男人感到害怕，更何况是反复讨论那种互相伤害的内容。男人做这种事情所付出的勇气，绝对不比让他们在最繁华的步行街当街坐下大吃烤五花肉来得小。相比之下，那种手机变手雷的恐惧就不算什么了。男人们只要一想到那个女人质问自己的场景，那么曾经的卿卿我我、如胶似漆，所谓的"如果要分手就应该当面说清楚"的礼仪，瞬间都会被抛到九霄云外。男人们的这种分手方式现在已经在某种程度上成为了一种样式，所以，他们会不以为然地认为："一段时间不联络，她自然就明白我的意思了。"遇到消极的情感就不愿表达出来，而是期待对方自己明白的那种习惯心理在此表露无遗。遭遇如此分手的女人们往往会说，只要告诉她们理由就可以了，她们是可以接受的。然而问题是，男人其实并没有什么能够放得上台面的特别理由。

当感情发展到更深的阶段，"人间蒸发"已经说不过去的时候，男人们就开始寻找其他的分手方式。他们会特地做一些不好的事情，诱导对方主动说出分手的话。如果女人提出分手，那么之后的对话对男人来说就方便多了。

"好啊，是你说要分手的，那就分吧。"

一句话就结束了。男人不会再进一步解释自己的感情。

男人们在任何情况下都不愿做那些会使男性形象出现瑕疵的事情。使女人受到伤害也是有损于男人脸面的事情，所以男人也希望避免。但是如果女人先提出分手，那么所有的责任都被转嫁给女方，这让男人感到自己的男性自尊得以维护，而那种给女人带来伤害所产生的负疚感，也从某种程度上得以解脱。

男人在受到感情巨浪的正面冲击时，会比女人更加软弱。他们会采取那种不像男人的分手方式，其实是出于他们希望维护自己男性形象的懦弱。理解他们的这种心态，不知道能不能帮助无辜受伤的你，平复一下慌乱的心情。他没有勇气提出分手，也不能如你那般，认为爱情是轻松愉快的事，并因此从容看待。别再沉湎于这无奈的伤感了，美好的恋情仍然在向你召唤。

# 男人对女人的几个偏见

## 女人只喜欢有钱的男人

我曾经听到一个男人的抱怨。那个男人年纪不小了，负债，丧妻，膝下还育有一子。

"韩国女人只看重男人的经济条件。那些只把男人的钱当成结婚标准的拜金女真是令人厌恶。生在韩国真是我的罪孽啊，看来将来想结婚是很困难了。我对女人没有任何要求，只要是个善良、有智慧的女人就行了。"

这个落魄的男人看起来那么沮丧而凄凉，我不知道说什么话去安慰他。然而看到他目光中对女人的那份怨恨，我想，或许他确实很难再婚了。并不是因为他的条件，而是因为他对女人有着固执的偏见，所以不会为了让自己成为一个更好的结婚对象而努力。因此，虽然令人遗憾，但他所希望的"善良、有智慧的女人"绝对不会选择他。

男人们固执地相信，女人只喜欢也只会嫁给有钱的男人。身边的确有一些活生生的例子，让我无法理直气壮地反驳说金钱和婚姻没有任何关系。越是落后的国家，作为社会弱势群体的女人就越是追求男人的财富。在社会保障系统还不完善的韩国，35 岁以后的女性就面临可能会被社会淘汰的压力，如果仅仅以爱情作为结婚的条件，那是一种巨大的冒险。以前曾经有一位法国女性，看到韩国女人对于婚姻中物质条件的重视感到非常惊讶。但是，在一个像法国那样，生孩子有国家养、上大学有国家出钱、生病时有免费医疗、退休时有高额退休金的地方，如果还是看条件才结婚，那不更加奇怪吗？

在现实中，虽然不能否认这一现象的存在，但认为女人热爱金钱如同条件反射般不言而喻，则显然是错误的观念。与其说女人热衷于金钱，不如说真正热衷金钱的正是如此指责女性的男人，他们因热衷而误会，因误会而指责，因指责而解脱，或堕落。

因为误认为"女人喜欢有钱的男人"，所以富有的男人们会在女人面前表现得更加自信，也更具魅力。其实，真正让女人着迷的反而是爱情。女人们离开贫穷的恋人，其原因往往不在于贫穷本身，而是没能得到足以克服贫穷的强烈爱情的信心。男人不知道的是，男人的金钱和女人的外貌一样，仅仅是用来吸引异性注意力的工具。女人们从男人那里只期待金钱的时候，也就是她们从男人那里无法期待爱情而无比绝望的时候。

如果你是和那个落魄的老单身汉一样的男人，那么怨恨女性不会给你带来任何帮助。你应该做的是，努力超越原本的自身条件，让自己成为一个更好的人。否则即使真有合适的女人出现，你能做的也只有怨恨了。

## 女为悦己者容

如果你对身边的男人说："女人化妆只是为了让自己看上去更好，而不是为了男人。"男人们会礼貌地表示赞同，但其实他们根本不相信你的话。他们会认为你是出于自尊心才这么说的，而他们现在做的只是尊重你的自尊心而已。因为男人本来就比女人更在乎他人的眼光，所以他们揣测女人也同样如此。当男人听到"女人化妆不是为了男人"这一论断的时候，就会想反问："如果这个世界上没有了男人而只有女人，那么女人们还会那么费心地去打扮吗？"事实上，这不是问题，而是反讽和调侃。不过对于这句话，大多数女人都会回答："绝对会的！"如果没有男人，如果不用再去考虑男人的审美取向，女人们更能够坦然而自由地打扮自己。说不定，还能轻松地将现在时尚圈最流行的风格带入办公室中。男人不仅不是女人化妆的目的，反而从某种程度上是抑制女人装扮自己的环境因素。

举个例子，朝鲜王朝时代的宫女们过着与男人完全隔绝的生活，但她们是一群和歌舞伎一样热衷于化妆的女性。说她们是为了成为王的女人而费尽心思，似乎并不正确，在将近 700 名宫女中，能承受王的恩泽而让自己飞上枝头的，整个时代似乎都没有几个。宫女们见到王的机会根本就是千载难逢，她们只是一群衣食无忧的"职业女性"。宫女们化妆与男人完全无关，只是她们自我意识的表现。

有趣的是，对时尚敏感的女人们热衷于 UGG 雪地靴、耸肩皮衣、Leggings 打底裤等时尚元素，可这些却偏偏不受男人青睐。但克丽奥帕特拉浓烈的黑色眼线、蓬皮杜夫人巨大的裙摆、重达 10 公斤的朝鲜时代歌伎的假发，还有奥黛丽·赫本的卡普里裤，这些虽然都不被男人所喜爱，男人们却依然迷恋着这些坚持时尚元素的女性。其关键就在于，这些女人爱惜和在乎自己，为了自己而打扮，她们所特有的自我意识使她们散发出迷人的魅力。

## 男人以为女人在乎过去

对男人而言，过去是相当重要的。他们的过去也许有一段灿烂的初恋，也许有一段比现在更美好的时光，所以男人们一方面很关心女朋友的过去。另一方面又会动不动就声情并茂地聊起自己的过去。而且，如果他对现在的自己有什么不满意的话，就更会如此了。他们不知道，女人们其实更关注现在。

看看周围人的故事，我发现，很多男人虽然是自己提出分手，但之后却常常无法克制想回到旧日恋人身边重新开始的冲动。男人们因为无法分析自己的感情和状态，所以当那段消化不了自我情感的阶段过去了之后，总有剩余的感情残存心中。然而女人们对逝去的恋情却相对比较冷静。通常认为女人比男人感性，所以更留恋过去，其实女人更享受此时此刻充实的感情。当那段"过去"过去之后，很少有后悔和迷恋的。

另一方面，当看到那些男人为了在女人面前表现自己而炫耀曾经的丰功伟绩时，我深深为他们感到焦虑。女人们不会因为一个人过去如何出色而对他产生好感。只有当那段过去对现在有着重大影响的时候，女人才会对那段过去感兴趣。当某个男人说，他获得过全国只有五人拥有的某种专业证书时，如果这种证书恰好证明了他现在出色的职场表现，那么对于提高他在女人心中的好感是有帮助的。但是，如果某个在艺术领域工作的男人经常提起他十年前曾获得过罕见的 IT 界证书，那么女人则完全无法理解他为什么老是旧事重提。在男人们中间，当他们找不到话题时，通行的方式就是像录音机一般反复聊着过去发生的事情。当听到男人絮絮叨叨地聊起过去的成绩时，女人们可能会接口："哇，真的吗？好厉害哦。"但其实她们真正想说的是："烦死了，拜托别再唠叨了！"

## 男人们为什么都是"装备控"？

　　崔政勋考了三次大学才终于考上，不过大学生活他过得并不快乐。父母原本殷切地希望政勋能考上医科学院，但是他最终只被第二志愿的学校录取。失去奋斗目标的政勋陷入了彷徨之中。

　　改变政勋人生态度的是一次偶然的机缘。家里的花盆中长了蚜虫，喷了药水却没有用，虫害逐渐蔓延。母亲说索性扔掉算了。"何必呢?"政勋这样想着，这盆植物还没有死掉，扔了实在可惜。政勋一边考虑着有没有救活植物的方式，一边上网搜索。在网上学习一番之后，政勋了解到，感染整株植物的不是蚜虫，而是一种生命力极强的瓢虫。倔犟的政勋开始使用各种方法，展开与瓢虫的斗争，两周以后终于成功将瓢虫消灭。看着被清除了虫害的植物重新焕发生机，政勋感到了一种久违的充实感。从那时起，家里浇花弄草的事不再由母亲动手，而是由政勋全权负责。

通过与植物的接触，政勋逐渐领悟到，自己并不喜欢与人打交道。那种一天接触无数病人，并一一与他们交谈、咨询的医师工作与他的个性并不相符。终于了解了自己个性的政勋，想起自己浪费了整整两年时间，不禁感到后悔。但他转念又想，如果自己考试合格了，则会浪费更多的时间。明白这一点之后，政勋备感轻松。


在生活中时时刻刻支撑着我的是一种来自精神的力量，也可以说是一种"哲学"。这里所谓的"哲学"并不是串联起苏格拉底、黑格尔直至德里达的那种哲学。经历无数伤痛依然坚持到底的朴智星和金妍儿，除了坚忍不拔以外，应该也有一套他们自己的哲学吧。

如果你有一个可以全心投入的兴趣爱好，那么通过这种投入，你可以很好地审视自我。所谓兴趣爱好，就是不渴望获得任何金钱利益，却能倾注自己心血和努力的事物。很多时候，人们通过那种埋头苦干的行为得以领悟自己内在的本质。自己动手煮咖啡，去美术馆欣赏艺术作品或者挤出时间去做志愿活动……像这样对自己感兴趣的事物倾注热情的人，更有机会培养起足以支撑整个人生的自我哲学。

幸福科学的创始人马丁·塞利格曼的研究，更清楚地告诉我们拥有兴趣爱好的重要性。幸福的人常常会说他们正在做着什么。被职场工作或学业压力逼得喘不过气来的人或许会想象，所谓幸福就是在南太平洋某个小岛的洁白沙滩上，躺在椰子树下的吊床里悠闲地喝着鸡尾酒。但事实表明，在像天堂一般的马尔代夫，很多年轻人却因为"太无聊"而自杀。由此看来，对幸福的想象或许应该被狠狠修正一下了吧。在现实中感到幸福的人，是那些为了种地、画画或为了学习肚皮舞的腰部动作而挥汗如雨的人们。他们都为了某种目标而始终不断地努力着，并在这种努力中品尝幸福的滋味。

相比于成就感，女人更需要一种自我满足感，因此女人可以去体验各种兴趣爱好。然而男人的兴趣爱好则在比例上和种类上都显得相对狭窄。而且很多时候，男人因为"装备控"而导致兴趣爱好向畸形的方向发展。

我曾经看到过一则报道，韩国的摄影爱好者们对器材的关心和了解程度非常高，以至于很多知名品牌推出新品时都会首先在韩国市场进行试卖。然而，这些业余摄影爱好者的作品水准，相比之下却低得出人意料。实际上，当我看到这些因爱好而拍照的人们的作品时，只能感受到一种强烈的"来自设备的力量"，但对作品本身却很想说："怎么一点没长进呢？"事实上，那些爱好者们肯定每两三个月就会更新一次照相机或镜头。到了这里，他们真正的兴趣爱好已经不是摄影，而是相机了。这种现象不仅仅体现在摄影上，自行车、钓鱼、改装车、音响，还有刚刚流行起来的户外野营，在这种种的兴趣爱好中，变成"装备控"的男人不断涌现。

"装备控"是个新词。有些兴趣爱好会需要一些装备，而成了"装备控"的人则会痴迷于这些装备，接连不断地进行更新换代，这种现象在韩国 30 岁以上的男人们当中尤为突出。很多人认为，无节制地追求硬件更新甚至可能成为家庭经济出现赤字的罪魁祸首，不过我倒觉得没有那么严重。成为"装备控"的男人大多数都是经济状况比较稳定的白领男性，他们往往会在几年内耗尽自己的储蓄，然后再振作精神重新来过。我认为，对于"自己真正喜欢的事物"，投入大量的时间和金钱都是值得的。所谓有"装备控"问题的男人，并不是指"装备控"本身，而是指那些因为对装备的迷恋，而引发其他麻烦的有情绪缺陷的男人。

真正可悲的是，这些男人埋头苦干的事并不是他们"真正喜欢的事"。很多时候，那只是一些在瞬间可以让他们无处可依的自我得到某种自豪感的事物。有些兴趣爱好需要人们耐心地沉浸其中，以获得每个阶段不同的成就感，而那种通过将装备升级更新就能轻易获得成就感的兴趣爱好是无法长久持续的，从中也不可能获得真正的兴趣爱好所提供的心灵上的美好体验。孤独的现代男人梦想着像《钢铁侠》的主人公那样，拥有无数的尖端装备，将自己武装到牙齿，以英雄的形象救万民于水火之中。"装备控"心理，正可以满足这些男人的精神渴望。然而可悲的是，只拥有装备是成不了英雄的。

人在 40 岁时拥有的兴趣爱好会从此相伴一生。人到了 40 岁之后，大脑的额叶开始老化，对新鲜事物会比较难以接受，所以也就很难再培养新的兴趣爱好。再加上，男人们除了职场之外就鲜少再有别的人际关系，如果现在没有培养任何兴趣爱好，那么到了退休之后往往会处于孤独的状态。如果你认为老公退休之后有的是时间来培养兴趣爱好，所以现在应该一心一意投入工作的话，那么很有可能若干年以后，你将看到一个陷入"无聊地狱"之中的他。

为了避免一个如此不幸的将来，现在就开始一点点地和他一起培养一个老有所依的爱好吧。趁着现在的你还那么年轻。

# 男人的爱情比女人的更现实

　　30 岁的有夫之妇徐美京偶然遇到了小学同学姜政勋，美京与他聊起自己悲伤而孤独的心情。美京最近和丈夫关系很不好，已变成名存实亡的夫妻。美京不知道自己还能这么迅速地陷入与其他男人的情感激流。同样是有妇之夫的政勋或许也有和美京一样的感觉。

　　两人开始一起看电影，一起吃饭，频繁地见面聊天，渐渐地越来越亲密了。美京仿如回到 20 岁，又体会到了新鲜纯美的爱情，并觉得是时候结束那无爱冷漠的婚姻生活了。因为有了这样的心情，所以不久之后，两人就越过了雷池。美京虽然产生了负罪感，但也更一步明确了自己对政勋的感情。

　　然而，自那天之后，政勋就消失了！电话号码换了，打去公司也接不通。失魂落魄的美京感到被彻底背叛了，心如刀绞，可另一方面又感到茫然无措，究竟是为什么呢？为什么对方突然地终止了这段关系呢？他在这段时间里的感情轨迹究竟是怎样的呢？

看了这个故事之后，那些和徐美京、姜政勋身处同样立场的男女或许会感到心情沉重吧？然而，这并非是发生在某些特定人群身上的故事，它只是一个屡见不鲜的现象中的典型事例。我已经不知道见过多少像徐美京那样的女子了。

徐美京们对于曾经对自己如此亲切的姜政勋们感到万分困扰，大家在开始的时候就都清楚这是场不伦的关系，可为什么在一夜情之后，男人们就消失得无影无踪了呢？只为了这一夜的欢爱，男人在女人的身上真是花了不少工夫啊。

女人们以为，男人在爱情面前就像一头被蒙上了眼睛的西班牙公牛。虽然说现在男人们也很现实，但总不会比女人更现实吧。**但事实上，男人在爱情面前比女人现实得多。他们表现得不现实，其实只是因为表现出对爱情的条件漠不关心，这才比较像个男人。**

政勋很清楚，和美京的爱情是不可能成为现实的，或者说，即使能成为现实也是不对的。政勋一开始就明白这种禁忌，但又忐忑地期待着与美京的一夜情，并享受着期待阶段的紧张刺激。现在，当一夜欢爱结束，他们之间无言的契约也就自动终止。男人们反而对明知彼此已经结了婚却还希望有进一步发展的美京感到不能理解了。

有意思的是，对于这种关系，男女之间有着明显的道德差异。女人们几乎都觉得，不管事情究竟如何发展，美京那种冒险的爱情姿态绝对是"发疯"。而男人们则觉得，"疯狂"还是"理智"，应该在一夜情之后，究竟是继续发展还是像政勋那样当机立断，在这个基础上进行评判。至少，男人们觉得，只要政勋还怀有一定程度的禁忌，那么就不算太差劲。这样的评价或许令女人感到心寒了吧。在爱情开始之前就已经抱着如此现实的心态，可是在恋爱的时候又表现得那么不现实，男人们对于爱情的这种态度实在无法让女人接受。

曾几何时，白马王子成为女人最浪漫的幻想，而现在的男人们生活在一个不会再为"白马王子"敞开大门的社会。男人们一旦被爱情的火焰点燃，即使只是微弱的火苗，现实的功利计算就已自动展开。在现今复杂的社会中，男女都会带着凭借婚姻提升身份、超越原本的阶层这样的动机，而男人们因此更容易陷入焦虑的状态。再加上，东方式婚姻的特别之处在于：婚姻不是两个人的事，而是两个家族的结合。这种观念也使得现在的男人更加现实。他们相信，"像个男人那样"不重视条件的女人是无法提升生活质量的。

女人如何能对男人在爱情面前变得现实而横加指责呢？毕竟女人也是在乎条件的。但是男女重视现实的方式是不同的。女人会在恋爱初期先摸清对方的底细，对男人的条件一一研究。不过一旦开始恋爱并渐渐深入之后，女人则不会因为条件不符而退缩。因为物质条件问题导致女人离开男人，真正的原因通常是女人因这种问题受到重大的打击，而不是因为考虑到将来得不到利益就提出分手。

但是，对男人来说，即使已经进入恋爱阶段，如果察觉到未来可能出现不幸福的前景，那么很多时候，男人会立刻收回自己的感情。男人们的爱情更加现实，这是女人们有目共睹的。

恋爱已经很长时间却主动提出分手的，很多时候都是男人，这也和男人这种现实的恋爱观有很大关联。

结婚理所当然是需要"现实"的，即使是已经冷静地了解男女间差异的女人，当她们真的看清楚那个自己喜欢的男人的内心之后，也不免黯然神伤。我希望，那些以爱情作为自己婚姻的唯一条件，哪怕生活并不富足也在所不惜，并满怀这样的深情耐心等待着的女人们，不要受到伤害。那些男人可能正用着比你想象中还要冷酷锋利的眼神观察着你。

如果现在的你条件并不太好，但身边的那个男人却始终爱着你，任凭理智再怎么让他结束这段感情他却依然不管不顾，坚持像个勇士一般走下去，那么请相信，他其实比女人更明白这段关系。这并不是男人暂时的疯狂，而男人也并不拥有什么让他们比女人更勇敢的武器。男人努力挤出那一份难能可贵的勇气，是多么值得称赞啊。

# 康德主义的女人，功利主义的男人

　　某个大学同学会的会长，从每次聚会使用的餐厅以及由他介绍的保险销售员那里获取回扣，这一事情终于被曝光了。会员们立刻议论纷纷，而那位会长马上给所有会员发去了道歉信，并把自己收到的钱双倍退还，打入了同学会总务的账上。与此同时，他也辞去了会长的职位。因为这一事件，同学会的活动暂时停止了。过了很长时间，同学们才再次聚会。席间，女同学们听说有几位男同学和那位会长一直都有联系，顿时生起气来。

　　"干吗说这些，把我们同学会的气氛全毁了？还说什么让我们打扮得漂亮一点出来喝酒？真是个没有良心的家伙。"

　　男人们闻言，无法理解这些女人的行为，反问道：

"都是过去的事情了还纠缠不休干什么呢？他是做错了事，不过不是都已经双倍返还给我们了吗？还想要他怎么样啊？"

"他做的事儿太可恶啦。被骗了那么多年，你们就不生气吗？我只要想起他的脸就恶心。"

"你们宽容点吧。老话说得还真不错，女人就是心胸狭窄……"

"什么?!"

结果，这群久未谋面的老同学分成了男女两派，互相攻击，最终不欢而散。

女人和男人对他人理解和宽容的方式是不同的。理解与否决定了男女伴侣之间是产生更多的冲突，还是相安无事彼此契合。概括来说，女人比较像康德主义者，男人则比较像功利主义者。哲学家康德认为真正重要的不是行动的结果，而是动机。根据他的主张，如果有窃贼偷偷进了一户人家行窃，却意外地救下了意图自杀的人，他的这一行为不能算是善举。相反，男人们认为只要某一行为的结果能让更多人受益，这一行为就算是善举。

作为功利主义者的男人，认为那位会长虽然犯了错，但是还了钱，所以在结果上没有给整个同学会带来损失。然而作为康德主义者的女人则认为，会长意图欺骗并利用所有的同学会成员以获取利益，其意图本身已不可饶恕。

这样的差异在生活的方方面面都能看到。不久之前，我在电视上看到一位曾因逃避兵役而受到全国男性炮轰的演员，现在却一如既往地进行着演艺活动＊，完全没有受大众排斥的感觉。在韩国，连女人都感到男人们对于那次兵役问题过于残酷苛刻，而他们后来却可以原谅那位演员，这么看来，他们的心胸还真是宽大啊。不过，我却对此心存疑虑，于是询问周围的男人，问他们是否对那位演员仍有反感，而他们的回答惊人的相似。

"他最终不是入伍服役了嘛。军队是男人最大的噩梦，而他还是去了，这不就行了吗？"

只要结果是积极而肯定的，那么对于功利主义的男人们来说，之前的任何问题他们都不会放在心上。男人们因为有这样一面，所以在社会生活中就更占有优势。同时对于我们女人来说，如果能充分理解这一点，那么和男人相处起来或许会比和女人相处更轻松呢。假如你不小心对公司同事说错了话："你看上去老了10岁。"但马上就郑重地道歉说："我真的不是这样想的，对不起。"这个同事如果是位女性，那么她会表面上装出接受道歉的样子，但心里却耿耿于怀。因为她知道，虽然你道歉了，但你最初说出这句话时心里的想法并没有改变。而反过来，即使是再心胸狭窄的男人，很多时候也会在接受道歉之后就把事情给忘了。当重视行动和结果的男人看到你把能做的全都做了，他就会认为，再对你抱有恶意是一种浪费。这也是为什么很多职业女性表示，比起女人，她们觉得和男人一起工作更轻松自在。

---

＊编者注：韩国法律规定，所有成年男性必须服至少两年兵役。

然而，在私人生活中和这些"只要结果好一切都好"的男人们在一起时，女人们常常会陷入她们无法理解的价值观冲突之中。举个例子，一个男人和别的女人在房间里通宵喝酒，而女朋友直到后来才知道，女友肯定非常生气。但是男人却因为两个人什么事情都没有发生而无法理解女朋友的怒火。但对女友来说，虽然两个人没有越轨，可最初让这种情况发生的男人的动机是她难以接受的。

"你是有女朋友的人了，怎么还会想要和其他女人一起过夜呢？"

"反正事情已经这样了。我又没和她上床，有必要判我死刑吗？"

这两个人的对话完全是平行线。问题不可能解决，还不如随它去吧。如果两个人的立场换一换，焦点自然也就不同了。男人是将所有的注意力集中在"两个人真的什么事都没有发生"之上的。

有一次，我和老公一起去买东西，我因为挑选商品比较慢而让老公在外面等了很久。我出商店的时候，老公突然大发雷霆，而我则因为他莫名其妙发火而生气。回家的路上，我们都在争吵，但我越吵越觉得和他的对话是平行线，于是我开始询问他发火的真正缘由。了解下来才知道，老公是因为我一句"对不起让你等了这么久"都没有说，所以才那么生气。我听了这话，虽然心中没什么歉意，却还是向他道歉了。立刻，老公好像失去了药效的绿巨人一般，刹那间恢复到原来柔顺的表情，就好像刚才的争吵完全没发生过。但是，我却做不到这一点。

包括我老公在内的大多数男人，都只有在明确了行动和结果之间的因果关系时，才能理解是非对错。在老公的思维中，我让他等了很久，自然应该道歉，而我并没有那么做，所以我就错了。可我的想法是，"女人买东西花了点时间可不算犯错"，"反而是你这样生气太过分了"。像这样的逻辑，是老公的大脑无论如何都无法理解的。

当你和男人一起生活却感到似乎隔着一堵墙的时候，需要先判断一下他最终期许的是什么，了解之后充分满足他，只有到了这个时候，男人才会将视线转向比连接原因和结果更为重要的事物上。我的老公在得到他认为的"好结果"——道歉之后，终于开始理解在百货公司里和他吵个不停的我的心情。

## 男人根本不理解什么是幸福

我曾向几十个男人问过同样的问题："你幸福吗?"有人随意地回答："就那样吧。"也有人犹豫地说："现在不幸福，不过以后会的。"我得到了各种各样出乎我意料的回答，其中也有人不回答幸福与否，而是从哲学的角度对幸福作了一番分析。由此看来，男人和女人之间最明显的差异在于男人对幸福的态度。男人们完全不能确定他们应该回答幸福还是不幸福。很显然，男人们对这个问题本身感到不适。

男人无法爽快地回答幸福与否的原因，最直接地说来，就是他们不清楚什么是幸福。幸福像爱情一样都是抽象的词汇，但爱情是一种相对比较容易理解的感情。再怎么迟钝的男人，当他特别想念某人或死都想和某人在一起的时候，他也能知道自己是爱上某人了。然而，幸福则不是这么简单的判断。让男人们思绪混乱的是，"我想要的"、"我得到的"、"我会有的"、"我现在的心情"……他们无法判断哪一种状态才是幸福。

男人从出生开始，比起母亲微笑的面孔，他们会更注意快速运动着的物体；比起圆润的东西，他们更偏好尖锐的物体。追逐运动着的事物，以及从有棱角的东西上接收刺激的男人们，事实上对于那种"不大喜也不大悲的平和状态"的幸福并不怎么感兴趣。男人通过成就或征服对男性尊严进行自我证明，并以此获得一种快感，但他们并不认为这就是幸福的证据。

幸福对男人来说，之所以不是一个可以爽快作出的判断，还有一个关键的原因，那就是，所谓幸福，是不属于"男人世界"的语言。幸福不能被数值化或视觉化，而是极度感性和抽象的词语，对男人来说也是一种被动性的概念。"幸福通常就在最近的地方"这种类型的话是男人们最讨厌的语句之一。这种语句对女人来说，即使没有触动心灵，至少也被认为是颠扑不破的真理，可是在男人们看来，却是无能之辈的自我辩护。


结婚两年的韩美京觉得老公曹政勋和过去有点不同了。恋爱和新婚的时候，即使不做什么特别的事，两个人也能甜蜜地享受在一起的时光。现在，美京和吃完饭就窝在沙发里的政勋聊起一天里发生的事情时，发现找不到原来的幸福感了。政勋好像有点变了，总是表现出一副不耐烦又心不在焉的样子，要么想看电视，要么想玩游戏。

　　某个周末，夫妇俩一起外出。美京特意拉着政勋去了以前恋爱时常去的咖啡馆。美京期待着，如果去了那里，过去的记忆说不定就都回来了，两人就又可以找回那段幸福时光里的甜蜜感了。两个人在咖啡馆里坐上几小时，避开他人的视线，轻轻地说一些细碎的甜言蜜语，多美好啊。可是没想到，咖啡端上来没多久，政勋就一口气全喝光了，并催促着说要早点回家，因为棒球比赛要开始了。

　　经过了你进我退，你推我拉的恋爱探索阶段，但依然沉浸在爱情中的女人们常常会像韩美京那样，对男人的态度相当不满。女人们将注意力集中在二人世界的幸福感上，并试图进一步发展，可是男人们却不能跟上她们的脚步。女人们于是感到困惑：他为什么没有像我一样感受到幸福呢？或许是他爱我没有我爱他那么多？

　　幸福，可以说是一种在任何时刻都可以感受到的积极的情感。男人们不善于把握或分析自己的感情，同时也无法沉着冷静地将注意力集中在这种感情上。和这样的男人在一起却期待温暖沉静的幸福感，那是强人所难。恋爱或新婚的时候，连续几小时坐在同一个地方，安静地和对方沉浸在二人世界中，这对男人来讲，其实是荷尔蒙发生作用产生的激荡，而并非女人以为的沉静。

　　男人们真正感到幸福的时候，和女人觉得可以说出"我现在很幸福"的时候是不同的。男人的幸福时刻是没有任何担忧顾虑，完全沉浸在某种事物中。充分地投入，然后脱离，那一种如同重获新生般的感受对男人来说才是充满积极意义的幸福。

　　我常常会在阳光明媚的午后，和丈夫一起步行到离家稍远一些的咖啡馆。在那里，老公点上一杯他最喜欢的摩卡，我则要一杯不加糖的卡布基诺，然后各自上网浏览或者看书。在别人看来，我们是相互不说话的奇怪的一对儿。我努力不在那里和老公聊天，原因在于我知道他喜欢坐在咖啡馆里，一边喝着咖啡一边上网。虽然我们不是在分享集中在我身上的那种幸福感，但他沉浸在他喜欢的事情里而体会到的那种美好的感觉，都是"和我在一起的"。

　　男人们都有像这样，把体会到的幸福及其他抽象的感情以具体的行动表现和解释的倾向。当你在美术馆里看到喜爱的作品而感到心满意足的时候，是否曾因为旁边的男友把美术思潮和技法一一具体分析出来而听得透不过气呢？如果你的那个他真像这样喋喋不休，请随他去吧，那是男人正在用他的方式来表达幸福呢。

## 过去的感情经历绝对不要告诉男人

　　31 岁的黄美京和同岁的男朋友公政勋以结婚为前提交往了一年。进展顺利的关系出现不和谐音，是发生在美京为参加哥哥的结婚典礼特意和政勋一起回到故乡的时候。

　　仪式结束后，他们俩一起在美京的房间里休息。美京知道政勋要查看邮件，所以打开了以前大学时候用的电脑让政勋用，自己则去睡觉了。直到美京醒来，政勋一直在电脑上看着什么，他一看美京醒了，便立刻关上了电脑。

　　从那以后，政勋的态度变得有些奇怪。原来见面的时候，他会深情地握着美京的手或者拥抱她，但现在却很少了。连做爱的感觉也和以前不同了。美京感到很纳闷，经过长时间的追问才知道了原因。

　　那天，政勋在美京的旧电脑里看到了美京和以前的男朋友在一起时拍的照片。美京和那个男生在大学时代是恋人，他们当时一起出去旅行的照片不知怎么的还留在电脑里。美京想起那些照片中还有一些非常亲密的场景，因此马上理解了政勋深受打击的心情。而另一方面，美京也感到有些难过，因为政勋的性格算得上比较开放了，而且本来也知道美京以前有过男朋友，但没想到，他依然有这样的反应。美京告诉政勋，和以前的男朋友在大学毕业后就分手了，之后再无联络。

"我也知道的。虽然都知道，但看了照片之后才了解到你和那个男人曾经有过多么深刻的关系。我也很讨厌自己有这样的反应，我知道这很没出息。但和你在一起的时候，我就是会想起那些照片里的画面。"

进行了这场开诚布公的对话之后，他们两人都努力维持着关系，但是彼此都暗暗有种不好的预感。他们的关系能不能回到过去的样子还是个未知数。

难以相信，现在这样的社会中，还有对恋人的过去耿耿于怀的人。女人对男人的过去并非毫不关心，但男人和女人关心彼此过去的目的是不同的。如果女人知道男人之前交过很多女朋友，那么她会先看看那个男人会不会在将来把她卷入复杂的男女关系中。而如果男人知道了女人之前有过很多恋爱经历，那么他只会关心女人究竟和多少男人上过床。

再保守的男人也会明白，希望成为伴侣的第一个男人是有些不现实的。公政勋也不会以为三十多岁的黄美京在和他认识前会没有交过男朋友，而且他也是一个成熟稳重并且善解人意的人。但是现在他要直面的不再是想象，而是具体的事实。

人们很难将抽象化的事物转换成自身的经验。政勋想象中的美京的过去，对他来说就是模糊的"抽象事物"，和他本身是没有关系的。然而，那些暗示着肉体关系的，与过去恋人的照片却瞬间将原本想象中的事情转变成具体的存在，同时也改变了政勋看待这种事情的视角。原本只是像幽灵一样存在的过去，现在却变得有血有肉起来，具备了改变现在的力量。

女人对自己的过去，是不会给它提供具体的"血肉之躯"的。现在一般的男人虽然不会对女方的过去刨根问底，但相处久了，过去的事情总会自然而然浮现出来。这个时候，最好不要回答得太具体。

"在认识你之前，还有过一两个人。"

这种程度的回答就可以了，如果以前曾有四十多个男朋友，那就请说："嗯，有一些吧。"这样模糊暧昧的回答也是一种安定对方情绪，为对方着想的礼貌。不管你认为对方是个多么善解人意的人，也最好不要提起肉体方面的关系。应该说，与过去关系有关的话能省则省。因为任何事物，说得越多越深入就会越具体化。提及具体的数字、状况等，都是最不好的，因为这些都容易引发想象。

我听一个朋友说因为脸上有很多的黑痣而要用激光除掉。她告诉我，激光除痣后脸上残留了一些疤痕，显得很难看，她一度都无法照镜子。我于是问她，究竟除掉了多少痣？但她无论如何都不肯回答我。当时在场的其他人也都觉得很讶异，她既然告诉了我们去除痣的事情，为什么不能告诉我们除掉了多少呢？这时，朋友的回答让我深有感触。

"如果说了这个数字，那么就会让听到的人展开想象。你们把我说的告诉别人的时候也会向别人传达出具体的形象，我不希望在别人的记忆中是一个除过五十多颗或者一百多颗痣的女人。"

消失的黑痣的数量都是被禁止提及的，更何况过去男友的数字和曾经的肉体关系。不管男人声称他有多么爱女友，并可以包容她的一切，他也绝对不会希望去想象女友和其他男人做爱的情形。

女人们之间经常会讨论和男友的性关系，但男人们之间则绝对不会聊起关于女朋友的这些情况。因为男人即使只是想到自己的朋友对自己女朋友的身体产生了想象，都是令他们难以忍受的。

如果没有被问到，那就不要主动说起；如果被问了，就尽量回答得抽象一些。然而，谎言是绝对禁止的。恋人间的信任比男人对纯洁女人的幻想更重要。

## 男人比女人更害怕拒绝

在大学时代，我曾经交过一个男朋友，但我单方面提出分手，结束了这段恋情。后来，我从朋友那里听到关于他的消息，他的境况惨淡得令我听不下去。他从早到晚地喝酒，既不见朋友，也不好好上课。我觉得自己把他变成了一个废人，心里非常痛苦。

然而在为他焦虑担心的同时，我的心里也升起一种微妙的感情，虽然我不愿去印证，但我知道那是种安心甚至于欣喜的感觉。我对他已经没有留恋。但他的表现却仿佛让我得到一枚勋章，证明我也曾经历过至高至纯的爱情。

不过现在想来，那全都是错觉。那个时候，我们其实并没有非常深入地交往，任何一方其实都没有感到深刻的爱情，而他分手后的彷徨也并不是因为爱情的逝去，而只是因为遭遇拒绝之后所产生的挫折感。年龄渐大以后，我再也不会像以前那样，因为看到旧日恋人的彷徨而自负，也不会再因为分手而让生活陷入混乱。因为经验告诉我，那都是毫无意义的。

女人并不知道男人有多么害怕拒绝。内向或没有自信的男人会非常害怕向女人表达心中的感情，如果再遭遇女人的拒绝，那么男人就更觉得无地自容了。

事实上，包括人类在内的大多数动物都是先由雄性动物去吸引诱惑雌性动物，试图进行交配。而雌性动物则慎重地考量雄性动物，决定接受还是拒绝。雄性动物为了最大范围地播撒自己"廉价"的精子以繁衍后代，会主动对雌性动物展开进攻。因为拥有自然的本能，同时又受到社会的压力，所以男人虽然认为应该主动追求自己心仪的女人，但绝对不认为由尝试与拒绝反复交替而成的"交配过程"是理所当然的。有的男人一旦被拒绝，受到打击，就无法再向女人展开追求了。但也有男人即使被拒绝但还是继续进攻，这并不是因为他们坦然接受了拒绝，而是压根儿没有领悟到从女方发出的拒绝信号。


大学生允美京对一位平时经常在一起玩的朋友感到很好奇。美京自己大概一两年才谈一次恋爱，可那个朋友却好像随时都在恋爱。学校里、打工的地方、教会里，甚至是她弟弟的朋友们当中，都有男生跳出来想和她交往。

让美京感到好奇的原因在于，那个朋友的外貌并不算出众，也不是特别有女人味，怎么看都只能算是朴素随和的类型。相反的，在一群朋友当中相当引人注目的美京却在男朋友方面经验甚少，没什么特别的感情经历。

一天，美京和朋友们一起喝酒闲聊。她从好朋友政勋那里得知，原来他也和那位朋友交往过一阵子。

"连政勋你也……"

美京暂时压下心中的震惊，接着表达了一直以来的疑问。究竟为什么她走到哪儿都那么有魅力呢？对于这个问题，政勋想了想，犹豫着给出了一个不太确定的回答。

"怎么说呢，那个女人……看上去，就是让人觉得不用花什么工夫就可以得到的。"

美京的疑问瞬间解开，但内心也受到了更猛烈的冲击。

男人们会把接近心仪女人的过程和女人的反应都一一在心中记录下来，并仔细观察和判断，这在任何一个文化圈中都是相似的。他们接近自己喜欢的女人，当然不是为了遭到拒绝，其最终目的都是为了成功"交配"。因此，当他们接近女人的时候会先本能地观察对方，判断自己会不会因为女人太过优秀而遭到拒绝。这个过程如果能顺利通过，那么好感度也会提升，男人对于能够接受自己的女人也更能产生感情。

很久以前，我曾经在一个聚会上见到一个长相出众的男人。那时候的我，看到这种长得让我很有好感的男人，心里不免有些激动，还试探着去了解他有没有恋人。虽然这样，我在见了这个男人之后心里并没有产生其他特别的感情。他对我有没有兴趣权且不论，至少我这方面并没有产生任何的欲望。我对这个男人的感觉，就好像看到一个抵得上整年房租的名贵手袋时发出的那声惊叹。而真正让我热血沸腾，甚至头脑发热的是一个符合我实际承受能力的手袋，它挂着一个引发我购买欲望的标价。

其实男人的想法和这没有太大的区别。他们对挂着适当标价的女人会产生欲望。某些女人受到很多男人的追求，这意味着能够承受这个女人标价的男人的范围很广。因此，在众多求爱者当中，遇到能符合你的高价位的男人，其概率并不是很大吧。从这个角度考虑问题，对单身的你来说会不会有所安慰呢？

在恋爱关系开始之前或之后，男人们都很害怕遭到拒绝，如果你能了解他们这种心情，或许会找到对待他们的更好办法。如果你没有拒绝他的意图，就请不要挂出太高的标价而使他产生挫折感。当然也请立刻丢弃过低的标价，想一想吧，作为杂志赠品的手袋，你又会用上多久呢？

# 男人心中的"美女"是怎样的？

　　女人们虽然理解男人对于女人外貌的看重，但是有时想来，还是难免感到无奈。渴望爱情的女人们如果无法在男人们面前显得容光焕发，那她们就会感到焦虑并对自己感觉失望。但其实，男人对女人外貌的追求就和女人对男人条件的看重一样，都是出于本能。

　　在自然界中，雌性动物为了繁衍养育后代，不仅会要求雄性动物拥有优秀的遗传因子，同时还会观察对方是否具有长时间与自己共同养育后代的能力。雌性动物会和有毅力长期留下，并有能力养育子嗣的雄性动物进行交配。反过来，需要尽可能广泛播种的雄性动物，则更关心雌性动物拥有多大的生育能力。所以，能够吸引男人的是：可以证明没有怀上其他雄性动物后代的纤细腰身，看起来有利于生产和哺乳的丰满臀部和胸部，还有能联想到健康后代的均衡的面部五官，等等。也有人认为，男人喜欢四肢修长的体型也和繁殖能力有关。四肢较长，说明生殖力较旺盛。女人们渴望拥有穿上牛仔裤后显得特别漂亮的纤细腿形，但与女人想法不同的是，男人们则本能地喜欢女人大腿适度丰腴。医生告诉我们，大腿是女人储存必要能量的仓库，如果大腿太瘦，不到身体脂肪率的 20% 的话，则会造成怀孕困难。

时至今日，女人的那些外貌条件已经和生产、育儿没有直接的关系。有的女人为了让腿形看上去更美而苦苦减肥，即使危及怀孕能力也在所不惜；有的女人通过整形手术使容貌更均衡标致，或让腰臀更接近黄金比例。可是，男人们却还是本能地重视生育能力，主次颠倒般执著于女人外貌对繁衍后代的影响。

幸运的是，男人审视女人的目光不像女人那样严苛锐利。男人对女人是充满幻想的，他们认为，接近幻想中的形象的女人一定是美丽的。无论古今中外，从生物学角度而言对男人产生吸引力的女人，都在身体上有着共同的特点，而从文化圈角度来看却又存在着若干差异。好莱坞电影中的美女一定是性感的，丰盈卷曲的长发，胸部至臀部曲线分明，还有一张能够展现爽朗迷人笑容的大嘴。然而，东方电影中的理想美女则不然，长长的头发应该是没有卷曲过的直发，身体则要像风摆柳枝般苗条纤细，虽然有曲线也是好的，但却会被衣服适当地遮蔽起来。在这两种表现手法中能找到两种极端的对女性形象的幻想，好莱坞使用了突出性感魅力的手法，而东方则是隐藏性感，突出女性的柔弱。

令人意外的是，能满足男人们女神幻想的，除了单纯的身体条件以外，更重要的是必须精心修饰，"看上去像样养眼"。

我的朋友中有一位长得非常美丽的女子。又直又挺的鼻梁，大而明亮的眼睛，而小脸、长腿以及纤细的身材等这些美女的基本条件，她全都具备，绝对属于能把男孩子迷得神魂颠倒的类型。认识那个女孩的女人们聚在一起，绝对不会不提及她的美貌。

然而，不久前和男人们一起聊天时，说起那女孩的美丽，那些男人却露出不理解的表情。

"那个女孩漂亮吗？不知道啊？"

"嗯，不算长得难看，不过好像也没觉得好看……"

那些男人们的目光中都流露出不可思议的神情。他们好像希腊神话中没什么别的神通，只是共用一只眼睛的三姐妹那般，眼光居然一模一样。

原来那个美丽的女孩大概是由于丽质天成，对打扮之类的事情完全没有兴趣，基本上素面朝天。而令我们这些女性朋友们感到惊讶的是，素面朝天不是更突显她的天生丽质吗？为什么男人们就是无法注意到她的美丽呢？

男人们虽然执著于外貌，但要满足他们的标准却并不是件很难的事情。只要对方能符合他们幻想中美丽女人的几个条件，即使不是全部，他们也会对对方的美丽深信不疑。比如长长的直发、吹弹可破的皮肤、充满女人味的态度、精心修饰的细节等。但如果那个女人在某一项指标上完全脱离了他们幻想中的形象，那么即使她拥有生物学上美女的条件，但对男人来说，她也仅仅是"一个女人"而已，就像我那大大咧咧的女朋友的遭遇。也就是说，即使那个女人没有一张特别漂亮的脸蛋儿，但如果符合男人幻想中的某些要素的话，也会出人意料地得到男人的好感。这样的情况在我们身边比比皆是。

顺便说一句，如果你要去相亲，即使你的小腿比较粗壮，也请一定穿上裙子。比起裙子下面的腿部曲线，男人们更重视的是你穿上裙子的姿态，那表示你是个女人。我有个非常要好的朋友，她本来对穿着打扮毫不关心，听说她要去相亲，我便坚持让她去买新衣服，并且不顾临近截稿日的紧张，陪她一起逛街。朋友平时从不穿裙子，我不顾她的犹豫，硬是帮她挑了一套裙装。朋友和第二天相亲的男人现在已经结婚，并已经生养了两个孩子，生活过得非常幸福。我敢断言，那个男人之所以第一眼就看上了我那傻大姐般的朋友，那身装束肯定助了一臂之力。

如果男人说，他喜欢不加修饰的女人，请提高警惕。他的意思是："请表现出不加修饰但依然美丽的样子。"男人的眼光既单纯又蛮横，对你来说，既有有利的一面也有不利的一面。当然，是利用还是无视，都是你自己的选择啦。

# 第四章

## 如何改变永远无法改变的男人？

不愿意错过这个男人，可是如果不改变他又无法跟他在一起的话，还剩下最后一种值得一试的方法。这个方法就是，让他慢慢体会到他自己的成功改变是最具有男子汉气概的事情。在这一过程中，必须不断地给予他这样的暗示：你正在做着作为男人来说最好的努力。

## 男人究竟能不能改变？

　　初次见面时，姜美京留给我的印象是"一个在平稳的家庭里长大并受到良好教育的大小姐"。但当我得知，她正在跟无可救药的花花公子谈恋爱时，我第一次如此真切地体会到"想带上盒饭出门去阻拦"这句俗语的意思。我真的差点儿就一时冲动准备盒饭去了。

　　美京已经不记得是第几次抓到男朋友跟别的女人在一起了。深夜时分看到男友跟别的女人单独在车里，或者发现不认识的女人给男友发来"我爱你"的短信。男友甚至曾对美京的女友也打过主意，最后以败露收场。每次美京都自问"我为什么要跟这种人在一起？"然后下定决心"应该马上分手"，但每次她又都因为男友的极力哀求而回心转意。

　　"他平时真的是一个温柔多情的人。每次犯错都口口声声地说是误会，我明知道那只是狡辩却依然想去相信他。他常说，不管别人说什么，我都只爱你一个。他的朋友们也都说，跟我交往以后他真的变了很多。人是不会轻易改变的，但他或许是个例外。"

常言道："江山易改，本性难移。"明知如此，在爱情面前赌上人生的女人们也有自己的理由。企图卷走数千万元的诈骗犯承诺支付利息的目的是为了得到信赖，男人们也一样，他们常常有意无意地流露出会改变的征兆。

事实上，在爱情面前人是会有所变化的。但那不是永久性的变化，只是因为"疯了"而暂时改变。仔细想来，爱上某人不就像是得了一种精神病吗？科学家们发现，依据人体分泌出的不同荷尔蒙，人们看待世界的眼光也完全不同。据说，人如果坠入爱河，人体就会分泌出比毒品作用更强的荷尔蒙。即便是再老实本分的男人，在荷尔蒙的"药力"失效以后，也必须作出人为的努力以其他方式来继续爱情，如果做不到的话当然就只能回复到原来状态了。像美京这样的女子，正处于依据男人在"药力"奏效期间做出的行动来决定自己一生的危险境地。

即使情况没有这么极端，男人们也绝不会因为女人而改变。一个人为了另一个人而改变本非易事，而男人一旦嗅到女人企图改变他的气味，马上就会采取警戒措施。男人们会因为感觉自己受到女人的控制而十分不快，如若不幸被其他的人发现那更是世界末日了。

最近流传这样的说法，男人们工作日的傍晚在家接电话时最讨厌听到的问题就是"现在跟谁在一起？"女人们或许难以理解，但是男人们最深恶痛绝的回答便是"跟妻子在一起"。我终于理解一下班就回家的丈夫为何常常对着电话绕着弯子说"我现在在（公司）外边"的原因了。

理由是，男人们认为，"跟妻子在一起"这句话本身间接证明了自己受制于女人。所以虽说世道变了，但是男人们还是以早早回家为耻。连自己跟妻子在一起的事实都不想被人知道的男人，如果认为他会听从你的唠叨而改变自己身上的缺点，那你就大错特错了。你的男朋友在恋爱时，由于沉浸于荷尔蒙多巴胺中可能做出诸如戒烟之类的举动，但是在他的朋友面前千万别提此事，那样的话等于将他活埋了。

不愿意错过某人，可是如果不改变他又无法跟他在一起的话，还剩下最后一种值得一试的方法，但不适用于拈花惹草、有暴力倾向、沉迷于赌博的男人。这个方法就是让他慢慢体会到，自己的成功改变是最具有男子汉气概的事情。在这一过程中，必须不断地给予他这样的暗示：你正在做着作为男人来说最好的努力。当然，这个方法不能显得太露骨，让他觉察到自己正被女人玩弄于股掌之上就不好了。

男人为了避免听到"不够男人"之类的评价，有时候甚至不惜铤而走险。要是通过你的引导他能够确立自己的男人本色，那么他会为之付出最大的努力。然而这个方法需要相当的耐心。首要原因是，改变某人这件事本身需要很长时间。举个例子，为了让丈夫改掉把脱下来的臭袜子随处乱扔的习惯，我花了整整 10 年时间。另外，要向不愿表露出自己感情的男人那里确认有没有"效果"绝非易事。所以，我想向如果分手反而会失去更多的已婚女性们推荐这一方法。

生活对谁来说都不容易。在这如同沙漠一般的人生中，跟女人如此不同却又如此相似的男人显然可以成为很好的伙伴，但一个不能够包容对方本来的样子，而要求对方改变的伙伴是不可以一起步上漫长人生路的。"过段时间会变的吧"，"总有一天会理解我的想法吧"，"结婚以后会变的吧"，"有了孩子就会变的吧"之类的幻想，请趁早丢掉。

在自己可以承受的底线之内接纳他的缺点，一旦接受了就一定要好好包容他，同时对自己的选择负起责任，这才是正解。

# 触犯他的自尊心，
## 就好像一脚踢在他屁股上

这是件很久以前的事情了。

一天，我在相亲会上很意外地认识了一个满意的男生。我和他很聊得来，于是天南海北地聊到很晚。自从进入大学以后，为了交一个男朋友，我已经去了我能去的所有相亲会。从经验上看，他应该不是考虑到介绍人的面子才和我聊到那么晚，而是真的对我有好感。

这时，和我聊得正欢的这个男生提出玩猜谜游戏，并且说好，如果我答对了，他就再买一杯酒，如果我答错了，就由我再买一杯。一开始我没有进入状态，除了买酒还买了鸡肉串和烟熏鸡腿请他吃。游戏过半后我渐入佳境，并想起曾在一本书上看到过他提的那些稀奇古怪的谜语以及答案，所以在接下来的过程中，他输得稀里哗啦，买了好几杯酒。我笑呵呵地开他的玩笑说，谁让他自己要求打这么个愚蠢的赌呢。就在这样轻松愉快的气氛中，我们互换了联络方式便告别了。然而之后，与我预想不同的是，他再没联系过我。

我和朋友们在学校餐厅吃饭的时候，愤愤不平地告诉了他们这件事。

"相处得那么愉快，他看上去对我挺感兴趣的，可是就这样什么联络都没有了？人品是不是有问题？怎么老是给我介绍那种奇奇怪怪的男人啊？"

那个时候我只能如此自我安慰，别人都在恋爱的时候，我却连男人的手都没有碰过。可是当我现在想起那个时候我对待男人的态度时，自己都觉得无话可说。像我当年在烤鸡店里那样的表现，男人们避之唯恐不及。那种行为不仅不受男人欢迎，甚至可以说是致命的错误。

女权运动在 20 世纪中期的西方社会进行得如火如荼，并在 20 世纪 90 年代深刻地影响到包括我在内的韩国大学生们。女权运动先驱波伏娃曾说过："女人不是天生的，而是被塑造成的。"这一观点认为，男女差异是由社会因素后天造成的。进入 21 世纪以后，脑科研究日益发达起来，科学证明，很多的男女差异其实是遗传性的，是与生俱来的。男人和女人不能说哪一方更优秀，但至少现在普遍的观点认为，男人和女人天生就有着明显差异。

依据这个观点，男人在青春期之后就会受到被称为睾丸激素的男性荷尔蒙的强烈影响。睾丸激素会使男人想要努力战胜对手，并千方百计地攀上更高更好的地位。男人为了能从骨子里感受那种满足感，绝对需要"胜利"。虽然每次输钱都很心疼，但男人还是会去赌博，因为在赌博的时候他们能够更直接更真切地体会到那种胜利感。男人比女人更容易沉迷于游戏，这和男人的求胜欲望也不无关系。他们在现实社会中无法立刻品尝到胜利的滋味，然而那种动作类的游戏在过每一关的时候，都能让他们体会到快感，因而男人常常会被这种游戏吸引，甚至沉迷其中。

男人每时每刻都渴望着胜利，每时每刻都需要得到"我是个能获得胜利的真男人"这样的肯定。如果无法得到这种肯定，男人们常常就会感到焦虑。所以，赢了男人，又让他买了好多酒的我，得不到男人的青睐也就是理所当然的事情了。男人们希望从女人那里得到对自己男性尊严的确认，其实也是他们为了维持感情生命的求生欲望。

"和那个女人在一起的时候，我感到自己是个真正的男人。"

电影或者小说中的男主角，在提到对女主角的爱恋时，经常会以这样的台词来表白。虽然这句话中包含着各种意思，但很清楚的是，大学时代的我，绝对没能力让男人感到他们是真正的男人。

这并不是陈词滥调，事实上，男人确实会对能让自己感觉像个男人的女人产生好感，而且还能将这种好感维持下去。如果你无法给予一个男人"作为胜利者的优越感"，那么不管你有多么爱他，他也无法从这段感情中获得满足。作为女人的你，如果一个男人只是对你说"我爱你"，但从来不送你生日礼物，从来不带你去好玩的地方，同时只和你发生肉体关系，你能和这个男人长时间交往下去吗？和这样的男人在一起时，你感觉不到快乐，也根本无法相信他宣称的爱。虽然男女的情况有所不同，但男人也渴望得到某种满足感。对一个男人来说，如果对方无法守护他的自尊心，他是不可能相信她的爱情的。

从电影《我的希腊婚礼》中那位母亲对他丈夫的态度上，我们可以得到一些对待男人的小窍门。母亲为了让思想陈腐的父亲能够同意女儿工作，和小姑子商量了一阵子之后便在父亲面前讨论了起来。

"哥哥，我们夫妻俩经营的旅行社还需要一个人帮忙哪，真是烦死了。"

"啊呀，那确实很麻烦啊。老公，你帮忙想想办法吧。"

"我们的职员都要求会电脑的……"

"是吗？我们女儿托拉倒是最近学了电脑，很熟练的样子……唉，真是个麻烦事啊。"

听着两个女人的对话，父亲条件反射般地回应道：

"那么……让托拉去帮忙不就行了嘛。"

一听这话，母亲和小姑子都欢呼起来：

"太棒了。老公你真厉害！"

"还是和哥哥商量有用啊。"

父亲并没意识到自己在不知不觉中落入了圈套，还很自豪地说：

"当然！这是男人才想得到的事情嘛！"

虽然这只是电影中一个让人一笑了之的场面，但为了维持和男人之间的良好关系以及他健康的人格，女人也需要学一学这类技巧。其实这并不需要特别复杂的计谋，只要经常留意倾听男人从心底深处呼喊出来的，对男性自尊、胜利、强悍等的渴望，就够了。

## 让男人把话说完，他就能听你说了

和男人对话并不是件容易的事。

如果你在恋爱中，那么你不会理解为什么和男人对话是困难的。陷入爱河中的男人会使出吃奶的力气进行对话，至少是假装在对话。结了婚的女人则会疑惑，为什么男人一进家门就变得又聋又哑了呢？概括来说，对话对于女人是一种缓解压力的手段和娱乐，而对于男人，则是要求集中精神的劳动。所以，当男人需要休息的时候，他们就不想对话。

可即便是这样，对任何人来说，为了获得或维持与他人的关系，对话都是必不可少的，是不能被放弃的。可以毫不夸张地说，一个人的人生价值也取决于他身边有没有可以进行深入对话的人。

我认识一位生意人徐政勋，他由于公司销售业绩下降而感到非常大的压力。他经营的是一个小型的代理公司，所以业绩出现波动很正常，可他觉得最严重的是他感到自己的心理已经和以前不同了，这可能和不久前他遭到合伙人的背叛而心情沮丧有很大关系。他曾经无数次对自己说，过去的事都过去了。但那只是表面的想法。他无法振作精神，集中注意力，只能在恍惚的状态中度日。不管是公司里还是公司外，总之他不想见任何人。他常常感到胸口闷得好像要爆开了，但是又不知道能做些什么，于是，本来已经戒了的烟又拿起来抽了，只要有空就借酒浇愁。他越是这样，公司的事就越不顺利，他承受的压力也就越大，接着酒也越喝越猛。最后结束这场恶性循环的是他的妻子。他的妻子没怎么开口，只是为了让他敞开心胸而长时间地倾听。此后，他们夫妻俩经常展开更深刻的对话。

　　以前政勋认为，那些麻烦光靠说话是无法解决的，说出来只会让太太担心，但其实他这么想是不对的。那种郁闷的感觉让人连喘息都感到困难，如果不加以缓解，最终的结果就是慢慢扩张直到撑破身体，而他整个人也就会慢慢变得古怪颓丧。


　　男人们往往认为，生活中碰到的问题不可能是通过对话就能解决的。特别是当男人丧失对话能力的时候，他觉得，不应该是他听你说，而应该是你听他说。如果你想对他说的话进行反驳，也请少安毋躁，听他把话全说完。而如果你可以适当地给他一些积极的回应，那更是雪中送炭。当男人把他想说的都说完了，他才能像海绵吸水一样，把你说的话全都听进去。

男人无法像女人那样即使在做别的事情，也能立刻转换到对话的状态中。跟一个正在看电视的男人说话，你最好别期待他会理解或记住你在说什么。男人的大脑对于噪声和人声的分辨及识别能力比女人弱。如果一个男人正在想什么别的事情，那么此时，你说话的声音对他来说，就和马路上的狗叫、汽车的鸣笛没什么两样。如果你很想和他对话的话，就要先把他的状态转换过来，等他集中注意力之后再开始。

心理学家认为，和男人沟通的时候可以尝试"三角对话"的方式。当男人和某个人坐下来"为了对话而对话"时，会感到非常有负担，然而，如果有第三种对象存在，对话会变得相对轻松一些。实际生活中，如果在开车、运动，或一起做饭的时候和男人对话，他们会比较容易开口。

男人们迷恋高尔夫的原因也在于此，高尔夫是一项最适合进行"三角对话"的运动。在游泳、打网球或打棒球的时候，其实是不可能与对方进行深入对话的。而高尔夫不像其他项目那样激烈，这种运动提供了一个放松的"三角对话"环境，自然就成为了男人们的社交手段。不过，我并不是要求你一定要陪丈夫一起打高尔夫，即使不支付那高昂的费用，也还是有很多方式来进行"三角对话"的。

去年春天，我们带着女儿一起去一个农俗体验村，很惊讶地发现居然有那么多的情侣。那里提供很多农俗活动：采草莓，做豆腐和传统饼干、糕点等。本以为这里是教育和培养孩子的场所，却意外地看到有许多情侣在摘草莓、推石磨，一边体验着农活儿，一边不停地小声对话。我真希望15年前我和老公恋爱时就有这种活动，那样就能免去无数大眼瞪小眼的尴尬局面。

你面前的这个男人，如果你想和他共度一生的话，那么就从现在开始练习对话吧。本来就不善对话的男人，随着年龄增长，脑部额叶开始老化，很容易变成那种令人生厌的谈话对象，说话重复，拒绝互动，自言自语，无聊乏味。趁你的男人还年轻，还能接受他人意见并改善自我，赶紧行动吧。40岁以后的他是变成一个沉默寡言的犟老头，还是幽默宽容的好老伴儿，可全都掌握在你自己手中哦。

# 怎样使男人有责任感

　　我曾经在一档电台节目里听过一段内容，叫"老公真过分"，是听众的真实事件。夫妻俩因为都要上班所以回家晚了，妻子准备晚餐已经非常累了，但老公还对小菜万般挑剔。让我真正感到惊讶的不是内容本身，而是听过听众的讲述之后那位男主持的反应：

　　"先生，您的太太应该是工作晚了，回来太累所以对食物就疏忽了，您要谅解一下太太啊。"

　　我原本期待，会听到对这个不能帮助老婆准备晚餐还对小菜诸多挑剔的老公的一大通训斥，然而，主持人却以老婆的过失为前提来请求老公给予谅解。让我迷惑的是，那位主持人平素并非典型的大男子主义者，说那句话时也显得小心翼翼，既无恶意也不轻率，我想他真的是这么认为的吧。接下来，真正让我感到不可思议的是，之后将这个故事讲给好几个男性朋友听的时候，他们都说从那位男主持的回答中听不出任何毛病。后来我改变问法，提示他们说那样会伤害到女方的感受，但他们依然揣摩不出任何问题。到最后，即使我宣称有奖励，可还是没有答对的男人。我知道他们的话都是真心的。所有听到这个故事的女人都反应激烈，男人则是如此截然不同。

对在东方文化圈里成长起来的男人们来说，家务事就好像太平洋深海里的未知生物，或外太空的某颗小行星一般，是完全和自己扯不上任何关系的事情。

现在也有不少男人会在结婚后和妻子分担家务，但其实对他们来说，那只是为了妻子才参加的一种活动，他们并没把做家务看成是自己的事情。若女人没有表示更多的感激，男人一定不高兴再继续这种活动。

即使夫妻双方都是职场中人，可男人还是会将家务活儿都加诸女人身上。虽然这与男人的自我中心主义有关，但这里还存在一种我们可能并未理解，而他们也绝不会解释的心理，那就是所谓男人的"责任感"。

实际上，男人们都认为，家庭的经济即使不是全部，也应该在最大程度上由他们来承担。如果家庭成员都失去了挣钱的能力，那么为了生存而向他人求救的事情，大部分男人认为也应该由他们来做。社会要求男人成为强悍的战士，给予了他们相应的权力，同时也要求他们担负同比例的心理责任。所以，男人们觉得，即使女人也工作，但其性质和男人是完全不同的。男人认为，女人的工作，在万不得已的时候是可以放弃不做的，但男人的工作却如同希腊神话中的阿特拉斯托举地球一般，是不能不继续下去的使命。他们认为妻子出来工作并不是为了谋求生计，而是提高生活品质的一种选择。所以，如果就太太就业的问题向男人们做调查的话，最多的回应会是："太太工作是为了她的自我开发。"事实上，男人们也知道，女人参加社会工作绝非简单一句"自我开发"就能解释的，但即便如此，男人还是认为女人工作所担负的仅仅是"只要愿意就可以随时结束"的次要责任。在看轻女人所做的工作的同时，他们还认为，值得让女人完全回到家中的，就是家务事，而这才是真正属于女人的领域。

要改变男人的这种看法，其困难程度就好像要男人接受小说《太太结婚了》中女主人公主张的"一妻多夫"观念。

男人保护女人和子嗣，女人希望在男人的庇护下生活，这是包括人类在内的所有灵长类动物的本能。然而，百年前平均年龄还不过 40 岁的人类，现在已经可以期待活到 130 岁。如果你希望和你的老公一起来维持生活的平衡，那么就应该做一些能够分担他心中所谓"男人责任"的事情。事实上，在现代社会中，这种责任感往往只是给男人带来心理压力，根本没有什么实际内容。

当男人感到自己无法担负起任何男人责任的时候，就会倾向于表现出好像完全没责任感的样子，因为"没责任心的男人"总比"没有能力的男人"来得强一些。反过来可以理解为，将男人变得"极端无责任感"的原因，正是"责任感"本身。

男人们说，他们对于在约会中愿意承担一部分约会费用的女人会产生好感，即使最终仍是自己去支付，也还是如此。这也是因为，女人的这种行动，会让男人们感到自己在某一方面的责任感得到了喘息的空间（我曾仔细想过，自己在恋爱期间做过的正确之举似乎也就这一件了）。

一位我认识的全职太太经常对辛苦工作的老公说："要是太累的话就辞职吧。你这段时间也够辛苦的啦，我也想再去工作来共同养家。"然而，结婚数十年来，她老公从来没有辞过职，而那位太太也把家里照顾得井井有条。我相信，他们平衡的家庭生活和太太愿意分担丈夫的"责任感"的生活态度不无关系。

和男人相处的时候，除了精神层面，如果想在实际层面上也分担一些责任感的话，女性其实大有可为。西方的女性比我们更多地享受生活，这也是因为她们在更大程度上分担着丈夫的责任。反过来，被允许一夫多妻的阿拉伯男人，为了保障所有妻子的生活品质要担负多大的责任啊。如果你想获得比阿拉伯女人更好的地位，就请同时想想她们在阿拉伯社会中所担负的社会责任。

男人在肯定自己男性尊严的同时，也被赋予了重大的责任感，并因为这责任感而战战兢兢、如履薄冰。对这样的宿命，男人们有时也会心有不平吧。不过所幸的是，上天也赐予了女人分担责任的能力。

# 让男人去做好家务的秘诀

在我们家，老公经常会帮我整理那些采购回来的东西。他帮我分担手上的活儿确实值得表扬一下，不过即便如此，我还是不忘再去检查一下冰箱。如果忘了做这件事的话，第二天十有八九会发现，原本可以存放很久并一点点享用的芝士条，湿淋淋地融化在冷藏室里；新鲜而昂贵的螃蟹却结了冰，硬邦邦像块石头一般趴在冷冻室里。每当看到这种"惨剧"发生，我都忍不住地"悲鸣"，而胆战心惊的老公，现在每次把东西放进冰箱之前，都会先大呼小叫一番：

"这个冷冻水饺放在冷冻室吗？还是放冷藏室啊？那个冷藏的牛肉呢？"

10岁的女儿经常发出由衷的感叹："爸爸是个笨蛋！"为了保持丈夫作为家长的权威，我每每都会为他辩护，不过心里却很没底。丈夫经常不把米缸里的瓢拿出来，就直接把新买的米一股脑儿倒进米缸，于是瓢就被埋在了下面。当我对经常目睹这一切的女儿解释说："你只是在家里看到爸爸这个样子，其实爸爸在公司里是个很能干很聪明的人哦。"女儿回应我的却是一副"算了吧，你可瞒不了我"的眼神。

和这样的男人生活在一起，久而久之，压力和烦恼倒退居次席，反而是经常对他为什么会做出这些举动而感到万分好奇。有的时候，我甚至怀疑这个男人是不是个缺心眼，但当我了解到有些受到国家公认的优秀男人也会在家做出类似举动之后，我就想，是不是有某种特殊的病毒，会感染所有男性的大脑呢？

其实，男人在放松的环境里往往根本不使用他们的大脑，其原因在于男人的思考是单向度的。解决问题的能力非常出色的男人，当他们为了达成某个目标的时候，会发挥卓越的分析判断力，可日常生活中的琐事却没有"足够的价值"值得让他们集中注意力。女人的思维如同枝丫丛生的树木一般是属于发散性的，除了大的问题以外，对其他的细枝末节，女人也有精力去加以考虑，但是男人则不然。

脑科研究表明，男人只使用他们经常使用的脑细胞。所以，男人们在公司分析资产负债表时所使用的脑细胞活跃而兴奋，可是用来考虑把冷冻食品放在冷冻室还是冷藏室的脑细胞却始终无所事事。就像过度劳累会导致早衰一样，过于闲适同样是一剂毒药，研究也表明，男人的脑细胞死亡速度比女人的快上三倍。因此，当女人们看到男人的"无能"时，可以用宽容的态度将之理解为"社会化疲劳的副作用"。

　　男人在个人生活中的无能表现除了与用脑方式有关以外，也和在文化上容忍这种"愚蠢行径"的社会环境脱不了干系。你会很惊讶地发现，那些打开车前盖仔细检查引擎的男人们，回到了家中却连煤气开关在哪里都不知道。男人只会对成为其目标的事情集中精神，所以我们需要制造一个能让开煤气做饭这件事成为男人的目标事件的环境。

　　事实上，家庭和社会的确应该让男人们多多练习可以提高他们日常生活能力的事情，这么做并非出于女权主义，而是为了男人们自身的利益。以男性权威为唯一标准来决定男人在家庭中的作用和尊严的时代已经过去了。过去的孩子们，不会因为在外工作的父亲回到家中只会看报纸和电视而把爸爸当傻瓜看待，过去的父亲们即使不像家庭一员那样参与家庭生活而只需为家庭提供生活费，也依然会以"供养人"的身份得到家庭的认可与尊敬。但现在的人们希望获得更高的生活质量，对男人们的要求已经不止这些了。人们对无法一起分享生活的家族成员也无法给予情感上的认可。以前，男人们因为独自供养家庭而产生的自信心能够让他们充分肯定自己的男性尊严，而现在，男人们却感觉到在哪里都无法获得认可的危机感。很多步入中年的男人会产生事业和家庭的双重疏离感，就是这个原因。

　　我有一位年长的朋友，堪称是与男人生活的专家。当她的老公帮她做些家务或者对家庭事务提出一些建议的时候，她都绝不吝啬对老公的赞扬："你真是个完美的好老公！"跟我聊起这一话题的另一个朋友，起初还表示疑惑"天哪，那也太傻啦"，不过她还是同意回去以后就尝试一下。

过了几天，她激动地把结果告诉了我。她老公对家具的摆放提了些意见，她于是抓住机会对老公说："哇，你的想法还真像个男人哪，我可完全没想到要移动这些大家具。"她告诉我，她在说出这句话的数秒钟里，内心中千头万绪，百感交集。

"我说这话时真是太别扭了。说什么像个男人，没必要吧？怎么听都好像在开玩笑。对他那么酷的男人，估计除了反作用就不会有别的效果了。"

然而，说完这话，她突然一愣，好像在回想什么似的自言自语：

"不过很奇怪……他居然没有反唇相讥……嗯，他的表情……好像是很满足的表情？"

后来她告诉我，家里大扫除的时候，主要负责家具的老公，表现出一种前所未有的热情。

如今的男人们得在更宽广的领域中驰骋，这和他们必须在与以往不同的生活环境里生存有着很深的关联。韩国国税局 2008 年的综合所得税分析资料表明，在所有缴纳税金的已婚女性中，其丈夫有 18％ 是不上税的。这也就意味着，在这些职业女性中，每五个人就有一个人的丈夫不工作，或年收入低于 100 万韩元。在当今的社会中，男人必须面对他们会失业或只能当"家庭主夫"的事实，同时即使工作也可能无法再保障男人的一生。在这样的社会里，男人必须要习惯，在除工作以外的领域里使用他们的脑袋，这样才能以新时代男性的身份生存下去。

现在，我也为了老公的生存，而在他将东西放进冰箱的时候，告诉他，先阅读包装袋上的保存说明，是一件很男人的事情。

## 允许男人在你面前流泪

我曾在网上看过一个男人写的文字，说因为和女朋友分手而痛哭流涕。女性网友的回复多是鼓励、加油的意思，而男性网友的回复则大多有些残忍，多是让他去找个更好的女朋友。

"为个女人哭哭啼啼烦不烦啊？这辈子都没出息。"

男性网友的各种回复，表达上的强度虽然各有不同，但最终想表达的意思和上述这句差不多。要是那个男人没有写痛哭流涕的事，大概回应会有所不同。"和这样的女人就算最后能在一起，迟早也会有问题的，还是去找个别的好女人吧。"像这样带有鼓励性的话语大概会是主流吧。男人，尤其是东方的男人对于其他男人的眼泪会感到很不自在。到底是为什么，他们会表现出这么大的抗拒感呢？男人的泪腺并不比女人弱，男人脑部控制眼泪的系统也和女人没有什么差别。眼泪对于缓解压力是有很大效果的，通过眼泪，压力激素儿茶酚胺得以被排泄。哭泣行为本身也具有宣泄的效果。"善于哭泣"的人不容易患上抑郁症，肠胃或心脏方面的疾病也相对少一些。

我9岁的女儿，经常会对我露出像个求签的老太太一般心事重重的表情，大部分原因都是作业做得不好而被那帮讨厌的小男孩儿嘲笑了。此时的她已经体会到了生活的压力，对她来说，这可是很重大的事情啊。每当这个时候，如果她哭了起来，我不会抱着她哄她，而是让她一个人在房间里尽情地释放。孩子哭个两三分钟以后就擦干了脸，恢复到平时的样子。当看到刚才还哭哭啼啼的孩子不一会儿就又欢天喜地了，不免让我想到这眼泪的舒压功能还真是不小。

然而，看不惯男人流泪，这是一个全世界普遍存在的倾向。而有儒教传统的国家，这种现象更为突出。《中庸》里说过："喜怒哀乐之未发，谓之中。"那些在乎面子的东方人时至今日仍是这句话的忠实追随者。现在的男人们依然被这种思想操控着，使他们不能哭泣。所以，那句不知出处的话"男人一生只能哭三次"就成为了男人们坚守的训诫。他们谨记着这句话，想哭的时候也拼命忍住。让男人一生只哭三次，怎么可能呢？有需要的话，一天哭三次都是应该的啊。

流泪，不仅对男人，对女人来说也不是能够轻易在旁人面前表现出来的。那是因为成人的眼泪往往被认为带有软弱和未成熟的意味。但问题是，男人们连独自一人的时候都无法流泪。

现代心理学巨匠马丁·塞利格曼的一个著名实验中，出现过这样一个词——"习得性无助感"，指的是那些长期被禁止哭泣的男人们即使到了荒无人烟的地方也无法轻易流下眼泪。即使身旁没有任何劝慰之人，心中的防御机制却也自动开启，"哭了就是失败者"、"哭了反而更悲惨"等想法一下子堵塞了泪腺。所以，我们就会看到影视剧里出现男主角哭不出来，却把无辜的浴室玻璃一拳砸碎的场面。无法向外发泄的眼泪，会渐渐在男人们的胸口积聚成毒药。

我想，如果男人们也可以独自一边看悲伤的电影或小说，一边酣畅淋漓地痛哭流涕，那该有多好啊。我希望，男人们能组成一个小小的团体，在那里，他们可以不受"男人国"的影响。这个小团体就好像一个拥有治外法权的地区，男人们在那里可以随心所欲地说出心中的感情，也可以尽情地哭泣。对一个男人来说，哪怕他只拥有一个可以倾吐心声的男性朋友，那么他的人生就完全不同了。把这些同性的朋友们聚在一起组成一个团体，应该会非常和谐吧。然而，虽然我确信结果会是好的，但我深知这是根本不可能实现的。那是因为，男人们很难克服心中对泪水的抵触，甚至应该说他们根本不愿意去克服。

听说国外有一种"眼泪房"，顾名思义是让人在想哭泣的时候进去痛哭一场的地方，听说那里还配备了能催泪的辣椒和洋葱等物品，虽说被辣味刺激出的眼泪和因情感刺激而流出的眼泪是不同的，但通过先催生这种"假性"的泪水最终让真正的泪水得以释放仍不失为一个舒压的方法。我希望韩国也能开设一些这样的空间，当然，更希望韩国的男人们能够乐于使用它们。

耶稣和释迦牟尼，作为人类历史上最伟大的男人，都不是会强忍泪水的人，他们是克服了男性弱点的伟大人类。如果你看到你的男人在独自一人的时候，或在你的面前哭泣，请不要慌张，而是应该感到庆幸，因为他是一个想哭就哭的健康男人。你应该做的不是劝慰他不要哭泣，而是给他安静，让他哭个够。

# 男人永远不会在女人面前承认错误

"我不同意你说的话，但我誓死捍卫你说话的权利。"

这是法国18世纪启蒙主义作家伏尔泰，为遭受不当的谋杀指控而被囚禁的约翰·卡拉斯辩护时所说的名言。当时的社会存在激烈的宗教纠纷，伏尔泰是天主教徒，而卡拉斯则是新教徒。这句话所包含的另一层含义就是，我愿意无数次地接受你和我意见不同这一事实。但在日常生活中，男人们只会把伏尔泰所表现出的对平等与自由的追求扔在脑后，唯一能听到的话就是："我不同意你的意见。"如果你想和一个率直的男人展开一场舌战，可以试着这样说：

"我不同意你的话，但我还是尊重你的意见。"

接着，你将从他脸上读到这样的表情：

"闭嘴！"

女人即使知道对方的意见和自己不同，但如果能和对方达成同感，那么也会很有满足感，只要对方尊重自己的意见就一点问题都没有了。然而男人却非常讨厌听到别人说自己是错误的，特别是听到女人说自己是错误的时候，更会产生一种可能伤及男性尊严的巨大的危机感。这是男人无论如何都无法容许的。不论那种怀疑是用多么华美的词句来包装，结果都一样。"男人比女人理性"，这样的说法只有在男人的男性自尊不被触犯的时候才能成立。

我早就知道男人的这种脾气了，所以即使老公有错，我也尽量不直接说这样的话——"不对"，"是你错了"，"看吧，我说得对吧"，等等。然而有的时候，像我这样的人也会忍耐不住。明明事情不是那样，老公却偏要坚持，我真是忍不住想直接拿出证据来证明他是错的。

如果讨论的问题相对抽象或主观，比如"冷面当中，咸兴冷面比平壤冷面更好吃"，那么两个人比较容易达成共识。即使没有达成，至少不会翻脸，毕竟那是主观的喜好。但是如果男人非要固执地坚持"咸兴冷面是用荞麦做的"*，那么意义就有所不同了。对是非分明的事情，每个人心里都会冒出一种强烈的渴望，渴望揭开真相，证明对方是错的。站在女人的立场上，当她们看到这样的情况，原本认为明明白白的事情，经过一通胡搅蛮缠之后仍然被证明是对的，而男人却在这个时候像跳过一个沙坑般突然转换话题，就不禁气血翻涌、怒从中来。"你是对的"，只要说上这样一句话就行

---

*编者注：咸兴冷面实际上是用淀粉做的。

了，又不是什么事关社会和谐与世界和平的真理，可男人就是连这样一句简简单单的话都不肯说。对女人来说，承认错误并不会折损"男人的价值"，坚持错误才会，那为什么这么容易的话却这么难说出口呢？

　　任何人犯错的时候，承认错误都不是件容易的事。但是，男人背负着需要证明自己有能力这样的重任，于是承认错误对他们来说就更加困难。如果是在相同的情况下，女人会轻描淡写地说："哦，我不知道呀，原来平壤冷面才是用荞麦做的，咸兴冷面是用淀粉做的啊。"这事儿立刻就过去了。但男人会无视正确的情况究竟是什么，只会觉得自己的错误暴露在了对手面前，自尊受到了侮辱，同时，又对令他蒙受侮辱的对手感到愤怒。

　　从出生起就被培养为斯巴达战士的男人们，对他们生存能力的怀疑，即使极其轻微，也是令人无法忍受的。在战争中，交战一方扔掉武器，就意味着彻底投降，这是一种战争的"礼仪"。举起白旗趴在地上磕头，这是任何一个野蛮民族都知道的结束战争的方式。所以，即使男人知道他们是错的，但也会固执地不愿亲口承认。同时他们还希望，即使对方了解真相，也能无声无息地让事情过去。如果不说出来，双方都不会有压力。这是男人所理解的礼仪，在这种情况下，对错已经不重要了。

　　在今天的生活战场上，不会承认错误的战士会被判出局，发配到后方去挖井，这已是大势所趋。资本主义社会中，重要程度仅次于钱的是信用，无法承认错误的人难以得到信任。男人们也很明白这一点，所以在社会生活中，他们会承认他们不得不承认的，他们有着自己的排序表。在序列上比我高的，我甘心臣服；比我低的，我肆意践踏；如果和我并列，则互相征战。有私人关系的女性在男人的序列单上被排在靠下的位置，因为这张男人的序列单上起作用的是社会权力。无论你的男朋友如何爱你，这一事实也不会改变。如果位于序列单下方的女人指出了男人的错误，那么就会对男人造成心理上的伤害。

我们女人为了和男人们站在同等的位置上，欺骗有时候是不可或缺的。一定要向男人传递这样的信息："我觉得你不管什么时候都是正确的。"即使演技不好也没关系，男人任何时候都渴望听到这样的话，而且高兴之余其他的都会被忽略。

我有一位学姐，和老公在一起的时候总是习惯性地说"你说得真对"，即使她老公离题万里。十多年来，我看着他们一直以这样的模式相处，以为学姐一定是忍辱负重地迎合着老公的脾气。然而不久之前，我偶然从学姐家的小孩子那里听到这样的话："在我们家里，妈妈可是一家之主哦。"

请试着同意他的话吧，接着你就可以随心所欲了。

## 男人 40 岁开始思考自己的人生

　　一般来说，年龄每加上一个 10 岁，女人的身心就会遭受一番折磨。女人 20 岁的时候，会觉得自己已经是个成人了，似乎应该决定未来的道路了，也似乎应该有一场绚烂的爱情了，这时她们会苦恼于究竟该怎样度过这一生。而到了 30 岁，女人们就会感到自己的青春都已快流逝了，因此感到更加苦恼，并对剩下的那点青春时光保留着最后的梦想。

　　然而，男人却完全不同。

　　青春对于男人来说只是像后备部队一般，并不处于重要的位置。当过了那段青春岁月，男人们才真正为了人生而忙碌起来。从军队退伍之后，立刻开始为就业和结婚作准备，但是他们对自己的人生、未来和生活的模样并没有花时间去认真地考虑。另外，他们也不认为有必要对人生观进行单独的思考。在他们看来，这种思考对于生活的战场是一种奢侈。在男人们看来，努力地生活和工作，人生观会在不知不觉中形成，没有必要分开来思考。更何况，他们因为非常重视结果，所以社会上成功人士的人生观会直接对他们产生影响。

然而，这样的男人们到了 40 岁，却真正开始思考自己的人生了。

40 岁的具政勋是一家大企业的副部长，昨天，他看了女儿的日记，感到非常震惊。日记上这样写着："在我们家里，最辛苦的就是妈妈，接下来是我和哥哥，最游手好闲的就是爸爸，爸爸应该被分到最少的零食。"在孩子看来，家里的事都是妈妈做的，而爸爸只会看电视和睡午觉。虽然童言无忌，但政勋看了却受了不小的打击，因为他发现自己在孩子的眼里只是个吃白饭的，什么事情都做不了。

其实，政勋是一个让所有人都羡慕的，在精英的道路上一步步走来的人。他毕业于一流的大学，经过激烈的竞争而进了现在的公司，一直顺顺当当工作到现在。他的年薪比起高中校友来要高出好几倍，还娶了个走到哪儿都不输给别人的美丽妻子，并养育了一儿一女。然而，现在已经 40 岁的他，想到自己拥有的东西，却只能苦笑。

作为一个还能派上点用场的职员，政勋为工作奉献了一切。而他拥有的则是一套需要还高额贷款的 40 坪*公寓、

---

*编者注：大约 132 平方米。

一些基金以及一辆中级轿车，这就是全部了。周末休息时呢？他常常在长时间的午睡之后起来，发现妻子已经带着孩子去上课外辅导班了。有时妻子会在厨房桌上留下午餐，有时他们出门比较急，政勋就只能下碗方便面了。不知从什么时候开始，政勋感到自己好像被其他的家族成员孤立了起来。

又一个同期进公司的同事辞职了，听到这一消息，政勋心乱如麻，他是不是也该趁一切都还不算太晚的时候，就赶紧辞职去做些自己的事情呢？可是离开公司，他又能够做些什么呢？想到这些，政勋的心情更复杂了。

现在，大部分男人的价值观就是努力工作以取得成功，10年后获得像具政勋那样的地位和生活。然而，男人精力最旺盛的时候是在三十多岁，这段时间过去了，便宣告着男人向青年时期彻底告别，之前从没感受过的恐惧感和负担感都接踵而来。这和决定了男性自尊的职业成就、能力等开始逐渐进入衰退期有着很深的关联。出现危机感的中年男人们会更多地被工作上的事牵绊住，和家庭则越来越疏远。刚刚进入青春期的儿女们，对于那个没有什么共同话题，对自己又完全不了解的父亲的话语，只觉得是一种令人厌烦的干涉。而妻子照顾这样的孩子们也更加忙碌而辛苦。

2008年韩国统计厅资料表明，四五十岁的男性死亡数占了全国死亡人数的77%。如此看来，所谓中年危机也可以说是一种生命的危机。这些男人们因为癌症或者心血管疾病而倒下，正是因为他们承受了太大的压力，担负了太多的工作，而心灵又太过孤独。

随着年龄越来越大，男人们的睾丸激素分泌量渐渐减少，攻击性渐渐变弱，大脑也渐渐女性化起来。而我们女人一直忍耐着的男人们的那些"男人病"，也从这时开始好像慢慢被治愈了。这似乎是造物主的刻意安排。试想一下，力量和能力都在衰退中的男人，如果只剩下支配的本能和愤怒的天性，那么他会变成什么样子呢？过了40岁的男人性情渐渐柔和下来，可是这时才开始审视自己的内心世界或亲近自己的家人，那就太晚了。男人们那种以力量和能力来获得生活价值的习惯，应该早点改变了。而能够帮助他们的人就是女人。

每当我看到老公和孩子谈话的时候，我都会提心吊胆，因为对女儿的心事一无所知的老公，经常会在不对的时间和女儿开着不当的玩笑，最后还浑然不觉哈哈大笑。虽然我真不希望老公是个孩子气的爸爸，但其实大多数的男人都是这样。和父亲互动比较多的孩子更有可能在社会上获取成功，原因在于他们会早一些领悟其他的人都无法像母亲那样了解自己，因此能够早早地开始自己锻炼自己。请不要让你的男人在他不擅长的私人领域里束手无措，请用目光温柔地跟随他，引导他进入分享感情的世界。要做一个能让他感到"人生过得有滋有味"的女人。

虽然有中年危机的说法，但年纪大了并不完全是件不好的事情。有一些研究资料证明，人年纪越大幸福指数就越高，而我自己也有切身体会，幸福的感觉和皮肤的弹性成反比，一年一年增长。人到中年，青年时代的不安与痛苦渐渐远离，看待事物的角度越来越自由和宽容，而自己也得以轻松愉快地生活。如果中年男人也希望得到如此福分，那么就必须早早学会平衡私人领域和社会生活。

在你的男人还没到 40 岁之前，赶紧帮助他寻找生活的平衡吧。监督他多和家人们沟通，引导他多和你对话，让他多参与家务活儿，同时让他随时都感到自己是个真正的男子汉。如果能做到这些，那么你就完全能够帮助他平衡生活。也许，你们可以一起度过比青年时光更灿烂的幸福中年。

## 警惕：男人的抑郁症

有个 2 岁儿子的宋美京，最近因为丈夫文政勋性格的变化而感到非常不安。她知道丈夫在公司里有很多事情要做，直属上司的性格又很不好，但是丈夫所有的压力似乎都在她的身上发泄，这使她感到身心疲惫。

有一次因为孩子淘气，老公冷不丁大吼一声叫孩子安静，然后突然站起身走了出去。吓坏了的孩子扑到美京怀里痛哭起来，而同样被吓到的美京也委屈得恨不得和孩子一起放声大哭。还有好几次，政勋在清晨一身烟味地回到家里，他说他在网吧里玩游戏。诸如此类的事情反复地发生。

美京当初因为怀孕和育儿辞职回家，之后便全身心扑在家庭和孩子上面。她面对这个总是找些小事大发脾气，或者一回到家就像个死人般瘫坐下来或只知道玩游戏的丈夫，骂也骂过，吵也吵过，劝也劝过，最终只觉得筋疲力尽。结果，美京患上了抑郁症，去心理医生那里治疗时，医生说应该让丈夫一起来，这样效果比较好。政勋一开始不肯，但美京还是硬拉着他去了。那次看完病出来，美京却从医生那里听到了意想不到的话："文政勋先生有抑郁症，比你的更严重，必须马上治疗。"美京感到很不可思议，政勋的性格看上去比以前更尖锐更火暴，任谁看了都不会觉得他抑郁啊。这样的政勋会比控制不住眼泪，随时都想哭出来的美京更抑郁？

人们一般以为男人不像女人那样容易患上抑郁症，因为女人比较感性，也较少参与社会活动，而且在实际的统计中，女性抑郁症患者是男性的四倍。然而，这是以前往医院或诊所进行治疗的患者为统计对象得出的结论。事实上，女人真的比男人更容易患上抑郁症吗？我们不得而知。

男性抑郁症的症状与一般我们所认知的有所不同，所以周围的人，包括患者自己都很难察觉。有位心理学家曾将男性抑郁症形容为"无声的流行病"。而让爱面子的男人们主动前往那种被认为是"软弱的极致"的精神科或心理诊所，其可能性微乎其微。

专家们一般认为，最具有代表性的诊断抑郁症的依据是："悲伤和忧郁的情绪持续两周以上。"然而，抑郁症的症状并不仅仅是看上去难过或不安那么简单。抑郁症患者会受到头疼和失眠的折磨，也会对所有的事物失去兴趣和欲望。当然，很多女性抑郁症患者会像美京那样经常哭泣，而男性抑郁症患者就会像政勋那样毫无理由地发火，或为了忘记负面的情绪而沉迷于赌博或电子游戏。除此之外，男性抑郁症的症状也因人而异，很难按照普遍认为的抑郁症诊断依据来轻易判断。最近自杀身亡的某著名男演员的朋友们都说，他是完全没有抑郁症症状的，但这或许与男性特有的"隐性抑郁症"不无关系。

男人比女人擅长的事情之一就是隐藏感情。他们从很小的时候就开始练习如何调节面部肌肉，把感情从脸上抹去，并训练自己尽可能不把感受到的一切以语言或行动表现出来。男人们的这种能力让他们在男人世界的排序和社会活动中占据心理上的优势，但当他们虚弱和需要帮助的时候，则成了致命的弱点。人们掉进水中的时候，必须拼命挥动手臂、大声呼叫以寻求帮助，如果文雅安静地待在那儿，一动不动，那么即使再会游泳的救生员也无法知道有人在求救。那些长时间习惯了忍受和隐藏的男人们，已经忘记了如何振臂呼救。当他们感到难过、孤独或悲伤的时候，是绝对无法显露出来的。

对工作意兴阑珊、无精打采，无法入眠，无故发火，对性爱也没什么兴趣……如果你发现你的男人出现了这些异乎寻常的迹象，或许你会有两方面的猜测，他有了外遇？或者他患上了抑郁症。如果事实是后者的话，那么请记住，这时他比任何时候都需要你。你不需要和他说太多话，只需要经常以开朗的表情面对他，给予他足够的信任和肯定。当他相信，你能够包容他任何没出息的样子时，他才能表露出内心软弱而敏感的一面。当然，如果这样做，他的情况还是没有好转的话，就一定要寻求专业的治疗了！

男人性格中一个有趣的特点在于，他讨厌将自己软弱的形象暴露出来，但当有女人理解并包容他的弱点时，他又感到很高兴。这也是为什么男人像孩子，可是比真的孩子还要麻烦的原因之一。男人们似乎天生都有一种赌徒的天性。男人们为了把自己的软弱隐藏起来而想方设法，无所不为，但最终又热切地期望着女人能把那些软弱都找出来。对赢了男女间这场游戏的女人，男人则会彻底投降。龙虾或螃蟹有着坚硬的外壳，那是为了保护里面柔嫩的肉体不会被伤害到。男人的"坚强"难道不是一种防御工具吗？只为了防止那个女人抓住他柔软的内心，啃噬咀嚼之后又随手丢弃。

## 婆媳矛盾——男人爱的测量仪

　　今天是第二个结婚纪念日，丈夫柳政勋打来电话叫妻子吕美京一起出去吃晚饭，但是吕美京却无声地挂断了电话。此时此刻，美京对于结婚纪念或者庆祝这种事情一点儿也提不起兴趣。当初认为政勋就是自己要嫁的人，可是现在自己的婆婆让美京感到非常难受。

　　婚前在电视剧里看到婆婆用尽手段折磨媳妇的场面，她总是耻笑说太缺乏现实性。可是最近她却经历着超越编剧想象力的事情。随时都会打电话来或者不请自来的婆婆，在结婚纪念日这一天也到儿子家来干完了一仗才走。

　　拎着结婚纪念蛋糕的政勋一进家门，美京就把白天发生的伤心之事告诉了丈夫。他答应她，从头到尾听完后再给婆婆打电话。但是在旁边听着电话的美京发现母子之间的对话变得越来越奇怪。

"……怎么会那样？请妈理解一下吧。美京本来就不太懂事嘛。我们周末过来，请您原谅啊。"

美京刹那间愤怒了。今天的事情明明是婆婆的错。什么？请求原谅？这么看来，比起近日神经衰弱的自己，丈夫政勋过得也太轻松了。要不是因为他，自己和婆婆这个问题人物本可以一辈子毫无瓜葛，但是现在受气的总是自己，这也太不公平了。美京不知不觉地靠近正在通话的政勋，把蛋糕扔到了他的脸上。

韩国老妪素来享有"恶婆婆"盛名，向全世界输出的韩剧虽然有其夸张的一面，但并非空穴来风。遇到嫁给西方人的朋友，我首先会说"你不用担心婆家，真是太好了"，这是真心话。

男人们本来就习惯于不轻易流露自己的感情，因此在女人看来，丈夫似乎永远自得其乐。美京那无法遏制的愤怒也正是因为政勋那种"把人家拉进痛苦中，自己却一副事不关己"的样子。其实男人们也很痛苦。

从心理学的角度来分析，男人们会以妻子为镜子来认识自我的正体性，如果妻子在跟自己结婚后变得不幸，那么男人会由此感到巨大的痛苦。但是女人们很难理解这一点。而且男人们本来就不太会表达感情，因此女人们根本无从了解他们的痛苦状态。向处于这种状态的男人吐苦水无疑是在折磨他。由于无法承受这种状况而自杀的男人也比比皆是。无法被妈妈和妻子理解，还要承担来自双方的愤怒，这样的男人是何等痛苦？反过来说，如果天下所有的妈妈都能明白儿子这种痛苦的话，那么应该不会再忍心折磨媳妇了吧。

关于婆媳矛盾，很多人主张男人应该在中间做好调解工作。但即使是女人这种天生的"关系专家"，在关系不好的人之间也无能为力，更别提在这方面近乎于白痴的男人了。傻乎乎的男人为了在中间起到"缓冲作用"，两头说好话却两边不讨好，因此有所觉悟的男人们干脆就从婆媳关系中逃出来。

这不是在教人不孝吗？没办法。实际上，所有婆媳关系和谐的家庭无非是以下两种情况：要么是婆家以强大的财力来支持家里的生活，因而媳妇不得不忍受一切干涉；要么是公婆什么都不干涉。

东方社会虽然还留存着父母无法轻易让子女独立的文化氛围，不过在现代社会里到底还是以核心家庭 * 为主。所以若是想要建立核心家庭，就必须彻底以夫妇关系为中心。父母辈或者其他子女如果对夫妻关系造成不良影响就一定会产生副作用。而只要作为核心家庭之中心的夫妻关系稳固，涉及其他家庭成员的问题就能自然得到解决。

我认识的一对夫妇，在新婚初期跟父母狠狠地干完一仗以后，至今过得和和美美。争吵的源头始于祭祀。婆家每年要进行五次祭祀，每次婆婆都要求媳妇早早下班回家帮忙。

---

*编者注：核心家庭是指由一对夫妻及其子女组成的家庭。

有一次，媳妇真的无法抽身而遭到婆婆一通臭骂，双方继而大闹了一场。火冒三丈的婆婆说了很多难听的话，儿子实在听不下去了于是加入战团：

"这是要活着的人为了祭祀死人而去死吗？要么减少祭祀的次数，要么让叔叔家分担一点责任！要是再因为这种问题不讲理的话，妈妈再也别想看到我了！"

丈夫的话语和态度太坚决、太残忍，连妻子都吓了一跳。据说婆婆为此哭着喊着说养了儿子一点儿用也没有，还卧床不起了好几天。

但是丈夫最终也没有为此事道歉，母子关系就那样尴尬了好一阵。倒是妻子怕就此切断了与公婆的关系而惶惶不安，但是过了很久再见面，反而惊喜地发现婆婆的表情比以前平和多了。从此以后相处起来就容易了。

对于肯为儿子牺牲一切的东方母亲们来说，很难把已婚儿子的人生从自己的人生中分离出去。但是，要是母亲认为"以夺走我辛苦拉扯大的儿子为代价，媳妇就应该忠诚于我"，而企图统治儿媳妇的人生，那么谁都不会得到幸福。最具现实性也最美的东方式家庭应该是这样的：一个做好自己本分但脾气很臭完全不听父母话的儿子，把妻子变成婆媳关系中的胜利者，妻子自觉地对公婆尽孝道。

婆媳矛盾占据着新婚夫妇"闪离"原因的首位，而从深层分析，是由于很多女人借由婆媳矛盾发现了丈夫对自己的爱并不如他当初表白的那般深厚从而产生了悔意。男人们不知道，只有当丈夫以毫不动摇的意志把妻子推向胜者之位时，女人才能真心诚意地对待公婆。

# 男人对包容他弱点的女人死心塌地

以上屡次说到，男人们并不像女人们以为的那样强大，也不是男人们自以为的那么有力。渴望在强大有力的男人的羽翼下静静生活的女人们，快醒醒吧！

幻想破灭的女人对男人越了解就越感到亲近和怜悯，但是，男人确信女人对自己的真面目越来越了解时会感到羞愤难当。那是生为男人无能为力的事。曾有实施家庭暴力的男人陈述了这样的理由："恋爱时妻子对我太忽视，这让我十分痛苦。"这一条理由竟然成其为理由令人震惊。举这个例子，不是说为了婚后不挨丈夫打而叫女人婚前好好对待男人，而是说，认为男人因为爱会容忍一切，女人的这种想法其实会使男人在内心积累挫折感和羞耻感。这一点真应当好好铭记。

与一个男人开始一段关系，如果想要好好维持，必须要有好的演技，以满足他成为"真男人"的朴素欲望。事实上，愈是随着时间的流逝，愈是让男人深陷其中无法自拔的女人，都是能摘下柏林电影节、威尼斯电影节、戛纳电影节、金球奖、奥斯卡奖等各大奖项最佳女主角奖的好演员。

有一次，一个女友边给我看她耳朵上摇曳的金耳环，边问我感觉如何。

"嗯……还行吧……"

"果然，你也觉得很土吧。男朋友送的，不知是不是闭着眼挑的。"

"那么不称心还戴出来？"

"今晚要见面。至少三个月之内要戴着它才行。"

当时她的博客主页已经挂上了她戴着那副金耳环的侧面照片。那时我才恍然大悟，她弄得男人仿佛拍爱情电影一样要死要活地缠着她究竟是因为什么。她演技太好了。"因为男朋友精心挑选的礼物而变得自豪而幸福的女人"，定位准确，演技一流。

人们常说必须戴着假面具的生活很悲惨，但是将"假面"（人格面具）一词引入精神分析学的瑞士心理学家卡尔·荣格认为，这是人们为了与他人互动而必需的。有了假面，一个人才能成为公司职员、丈夫、朋友。这与谎言不同。我们的假面就好比洋葱皮，层层叠叠的再怎么剥也无法确定哪里才是真面目。也许老年痴呆症就仿佛是把一生收集起来的假面全部摘下来扔掉了，只是，你能承受那副面容吗？

虽然无法附体到别人身上去生活，但是在面对他人时从自己拥有的几副假面中选择必需的那一副，便是我所说的演技。最重要的不是演技有多好，而是究竟演什么。时刻谨记自己在演什么的话，不用太紧张也可以朝那个方向前行。

非洲某个部落的男人们会将嗓音低沉的女人评价为值得信赖的猎人，相反，嗓音高亢的女人则被认为是可以引发男人性欲的女人。所以对想私下共处的男人，你应该戴着"嗓音高亢的女人"的假面去靠近他。你应该弄清楚你的男人到底喜欢哪种假面。不过我现在就可以告诉你，有几种是必须避免的。比如说"认为男人很可笑的女人"或者正相反，"缠着男人不放的女人"，这些假面最好不要在你的男人面前展现。

我每次去国外出差，丈夫都要开车送我到机场，然后在我回来时到机场接我。"从机场到家门口有机场巴士，你又何必去交那么贵的高速公路通行费呢？"这句话每每要从我的嗓子眼儿里蹦出来时，我都强行忍住，做出一副"在丈夫无微不至的呵护下感激而满足的妻子"的样子。我明白，丈夫内心也觉得麻烦得要命，但也得做出一副"担心妻子无法提着沉重的行李箱独自到达机场的丈夫"的样子。虽说彼此心知肚明，我们都尽最大努力去演好各自的角色。因为我们的意图本来都源于真心。

事实上，男人们很想知道女人的假面背后有什么，所以他们也隐隐约约地知道女人们已经觉察到了他们的软弱之处。正因如此，他们更渴望女人对这些能够睁一只眼闭一只眼。就像女人们对着镜子发现眼角细纹越来越多时更想听到"你很年轻很漂亮"之类的话一样。

今晚我准备扮演"即使写作忙得不可开交，也要为丈夫的健康着想亲自下厨的妻子"的角色。其实在写作期间为了保持体力我一向坚持亲自下厨做饭。那么他也会用"一边赞叹妻子的手艺和诚意，一边狼吞虎咽的居家丈夫"的角色来回报我。那还用说吗？

# 即使你比男人出色，也请隐瞒这个事实

安吉丽娜·朱莉、哈里·贝瑞、海伦·亨特、格温妮丝·帕特罗、金·贝辛格、瑞茜·威瑟斯彭……这些著名女演员有什么共同点呢？首先，她们都是获得过奥斯卡最佳女主/配角奖的优秀演员，此外，她们又都是受到"奥斯卡诅咒"的演员。

所谓的"奥斯卡诅咒"是指女演员如果获得了奥斯卡奖，就会和丈夫离婚。实际上，得了奥斯卡奖但并没有离婚的女演员也有很多，不过由于离婚的数量非正常的高以致形成了这种现象。有趣的是，当获奖女演员的丈夫同样从事演艺行业时，那么离婚率就更高了。

在全世界电影产业中心好莱坞，获得奥斯卡奖在一定程度上就意味着攀升到了这一事业的顶点。妻子获得了这

201

种无可否认的成绩，老公便会感到失去了在妻子面前证明
自己能力的机会，因为无法忍受精神上的压迫感而最终以
离婚收场。连20世纪70年代就已经受到"女权运动"浪
潮席卷，现在连"女权"这个词都已不常提起的西方世界
都还存在这样的现象，更何况男尊女卑思想依然严重的东
方社会呢。

我们可能只能想起少数几个无法忍受女强人的男人，
但其实确切地说，大部分男人在这方面都有这些没出息的
倾向。

男人们对女强人的态度综合起来就是如下几句话：

"能干的女人怎么样呢？和她们对话很顺畅，她们也很
有魅力。如果她们待在我生活半径10米之外，那我也没什
么理由讨厌她们。"

这并不是因为，男人们在选择女朋友或伴侣时偏好傻女
人，但至少，男人们希望女人不要比他们强。这和男人看待
女人的方式有关，因为男人往往不把女人视为独立的人格
体，而是将其视为映射自己的镜子。不需要任何帮助的女强
人，在男人看来就是映射出他自身无能模样的镜子。男人不
管多么能干，但和一个强悍的女人在一起的时候，都只能看
到自己没出息的样子，此时，男人连砸镜子的心都有了。医
生指出，认为妻子比自己能干的男人大部分都可能饱受勃起
困难的痛苦，由此可见，"女强人"对男人造成的可能不仅
仅是心理上的问题。所以，很多男人会选择像女明星瑞茜·
威瑟斯彭的丈夫瑞恩·菲利普那样，去寻找另一块能够只将

男人那能干帅气的模样映照出来的镜子＊。

　　一旦男人开始将自己的女人看做"黑魔法之镜"，那么不管女人说什么，他都会把它当成是对自己的轻视，于是和女人相处起来也就备感烦恼和疲惫。

　　有个相熟的女性朋友曾告诉过我一段她不甚愉快的办公室恋情。那个男人和她同岁，不过比她晚一年进入公司。朋友比那个男人早升职，做了他的直属上司。自从朋友升迁之后，她就发现男人表现出一种毫无理由的沮丧和无精打采。追问之下才知道，他无法接受被女人踩在脚下。有一次他们一起去游乐场，玩了过山车下来之后，我的朋友发现男朋友一脸苍白，还说胃里很不舒服。我朋友去买来胃药，一边递给他一边说："我说不喜欢，你还硬要我上去，怎么现在反而是你成了这副模样？"她轻巧地开着玩笑，可没想到，男朋友突然大怒："你现在知道我没出息了吧！"茫然无措又深受伤害的女人，于是就在那阳光明媚的春日里和男朋友大吵了一架，最后各自回家。不久之后，那个男人出轨，和新入公司的女职员好上了，而我朋友和他的关系也就此结束。

　　女人只以为，男人看到她们能干和成功的样子会觉得她们很出色，因为当女人看到她们自己的男人表现出很有能力的样子时会感到他魅力十足。然而，男人根本不关心女人有多么出色，他们只在乎通过女人这面镜子能映照出自己有多

　　＊编者注：瑞茜·威瑟斯彭 2006 年凭借《一往无前》一片获得第 78 届奥斯卡最佳女主角奖，同年 11 月宣布与瑞恩·菲利普离婚。

**么出色。**男人注重女人的外表，并不仅仅因为被美貌吸引，更多是因为美丽的女人被他们视为"有能力的男人在世界这个战场上赢得的奖杯"。出生于罗马时代的奥维德，至今仍是古代爱情诗人的代表，其作品脍炙人口，而他也曾说过："每个女人都是个奖杯"。

当然，你在本世纪里和男人相识相爱并结婚，为了维持这段关系，是用不着故意表现出无能的。**但万一你真的很清楚，你比你的男朋友能干，那么最好把这个事实当做只有你一个人知道的秘密收藏起来。**你可能无法了解，那个平时看上去愉快而充满魅力的男人，通过你这面镜子看到的是多么扭曲的形象，并因此而痛苦万分。有位叫埃曼的德国心理学家甚至曾经说过，**如果你想尽快摆脱你不喜欢的男人，只要表现出比他能干就行了。**

男人不仅仅对自己的伴侣，就连对其他比自己强的女人也会感受到压力。有一些职场经验的女人，都会对男人时时刻刻想将主导权紧握在手中的表现感到恼火。为了结束那种消耗精力的主导权争夺战，女人不得不按照男人的排序方式确定自己的位置。当然，当男人清楚地知道某个女人的位置排在自己前面时，他也会"俯首称臣"（但从这个时候起，他已经不把这个女人当女人看了）。男人对于地位比自己低的人会表现出包容、爱护的倾向。这种社会排序是有依据的，比如职务、年龄、工龄等。如果没有特别强悍的实力以取代男人的地位，那么就请表现出对他能力的充分肯定，这是使职场生活顺利稳妥的方法之一。

有人认为，男人比女人更软弱的原因在于他们完全无法接受自身的弱点。和男人们相处，其实比想象中容易。如果你们的性格完全不合，而你依然要以自己的方式来与他相处，那么只会把他推到更艰难的道路上。你应该再想一想，你是要和这个世界战斗，还是要和你身边的这个男人战斗？

## 幸福是可以"分期付款"的

夫妇论坛上，有位 60 岁的丈夫上传的文字吸引了很多人的注意。他的故事是这样的，虽然年轻的时候累了点，憋屈了点，但生活一如既往地走了下来。可是最近妻子却突然提出离婚。丈夫无法理解，那么长的人生岁月都互相依靠着生活下来了，在这所剩无几的余生里，就不能一起好好走下去吗？他究竟犯了什么不可饶恕的罪过，妻子居然要离开？而妻子的回答也令他无法接受：

"我这一生都在为你和家庭奉献，现在，在我余下的时光里，我希望过上自由自在的生活。"

在这个凄凉的男人的故事下面跟着这样一段简单明了的回复，而后面跟帖同意的人也很多：

"那个女人有其他男人了。"

我敢打赌，写这句回复的人，还有那些同意的人都是男人。

有句话说："对于男人的人生，女人就是插曲；对于女人的人生，男人则是历史。"这句明明白白描述男女间不同视角的话，大体上是没有错的，但我更愿意从它的反面来理解，女人的人生绝不依附于男人，因为人没有"历史"也能够生活下去，但如果没有"插曲"人就无法生存。上述那个故事里，那位到了人生的黄昏期却执意离婚的太太现在决心埋葬那庞大的"历史"，渴望去寻找属于自己的"插曲"。被"历史"的沉重压力压得喘不过气的妻子意欲离开，其理由竟被解读为有了别的男人，这是没有女人就没有任何"插曲"的男人们的自说自话而已。

实际上，只要解决了生存问题，女人的生活是可以没有男人的，但是如果男人没了女人，则无法生活。女人就算没有找到合适的男人，也不会为了生活而跑到越南或者乌兹别克斯坦去找老公啊。

关系很好的夫妻，如果丈夫先过世了，对妻子的寿命通常不会有影响，甚至可能妻子会活得很长。但如果妻子先过世了，丈夫的寿命则会大大减少。据统计，其中 40％ 的人会在 5 年内亡故。

男人没有女人就无法生活下去，这一点男人们自己也很清楚，但他们想到的原因通常只是生活无人照料或性生活失去着落之类。事实上，除了少数男人以外，大部分男人如果没有了女人这面多棱镜，就无法以积极的视角去理解和解释这个世界，这会让男人的内心产生巨大的混乱和压力。再加上，男人们唯一维持的人际关系是以工作事业为中心的，一旦退休，这种人际关系消失了，孤独感便开始像一种慢性毒药伤害着男人的身心。现在的医学比我们想象的还要发达，在我们的时代，人们已经可以活到 130 岁。到我们下一代，可能活到 150 岁。那么，在年轻的岁月里，暂时成为女人"历史"的男人，一不留神，便可能孤独百年。

人类学家和科学家们解释说，在古代，男人与养育孩子的女人一起，为生存而建立人际关系。但到了 21 世纪，对男人们来说，比起打猎获得的战利品，人与人的关系和感情变得更加重要了。如果男人只为了生存、生产而活着，那么这个世界将是没有未来的。事实上，男人的人生中一定要做的事情里，最棒的一件就是让自己爱的人幸福。女人们应该让男人们了解，在他们的人生中最值得投入精力的就是"关系"。

我有个好朋友，其最大的乐趣在于，一有空就带着家人去山上或者海边旅行。而每到周末，他都会和家里人一起去空气清新的地方游玩。我对他的这种热忱和勤快真是钦佩不已。那天，他告诉我在旅游时听到儿子说的一番话：

"爸爸，我们家虽然好像没有很多钱，但好幸福哦。"

才 10 岁的小男孩居然会说出这样的话，还真是难得呢。他告诉我这话的时候，满脸洋溢着幸福。在我看来，他是个胜利者。

和我这个好朋友不同的是，很多男人对和家人一起度过休闲时光常常抱着一种"牺牲"的心态。所谓牺牲，是指将自己生活中的一部分拿出来给别人，但这种姿态不是日常的行为。做一些事让那些和自己一起生活的人感到幸福，若是将这种事当成"牺牲"，难免会有感到疲倦的时候。如果想让爱的人幸福，男人必须首先也要有幸福的感觉。

　　男人很多时候会有错觉，以为要让一个人幸福，就要挣很多钱给对方。所以有的男人会作出这样的承诺："以后，我一定会给你送上满满的幸福。"男人保留着幸福，希望以后给出，可女人等不到那一天，于是离开。如果你察觉出你的男人认为给你幸福是一种"债"，那么请告诉他，幸福是可以"分期付款"的。我们都希望能够现在、当场得到幸福，即使不是全部，不是吗？

　　有一次，我看到一位儿子刚满 6 个月的男职员每天加夜班，不由得说了一句："看来当了爸爸的人懂事不少啊。"旁边听到这话的另一个男人忍不住"扑哧"笑出了声。感到这其中必有文章的我固执地追问下去，却得到了"这是男人间的秘密"这样的回答。有了孩子之后拼命加夜班，周末了还出去工作的那些男人，常常会被赞许为"当了爸爸之后成熟了"，但事实上却不是这样的。男人如果早早回家，就会听到照顾孩子一整天的太太大发牢骚，同时他也要帮太太一起照顾孩子。因此，在公司里加班，男人的肉体和精神反而轻松一些。站在男人的立场上看，晚上加班是一个公司、家庭两边都讨好的妙计，公司认为他勤快，家庭也会感激他的辛苦，不是一箭双雕吗？已婚男人常去的博客和论坛往往在这个时段更新得最快最多，说实话，真希望这不是真的。

男人们或许会认为，以在公司工作为借口将育儿的责任全部丢给妻子是一件对大家都方便的事情。但他们不知道，现在做这些辛苦的事情都是为了未来投资，那些被家庭成员孤立起来的丈夫，还有人到中年妻子提出离婚的丈夫，他们应该提早知道这一切的啊。看到这些文字的你，请不要因为想让加夜班的丈夫来分担育儿的责任而对他穷追猛打，而是应该告诉他照顾孩子的快乐，并尽可能地给予他称赞。

让男人们明白，让心爱的人幸福是多么有意义；让他们了解，他们爱的人的幸福和他们自己的幸福之间的关系，这些都是女人应该做的，同时也只有女人才能做到。男人们似乎表现出一副把女人的话当耳旁风的样子，但事实并非如此。恋爱时间长了，男女的关系变得亲密而柔和，在这种时期里，女人的话对男人也是有着绝对影响力的。而且，经过对我和我身边人的长年观察，我发现，应该由懂得幸福真谛的女人去教会男人如何获得幸福，并带领他一起体验。同时，还要告诉他们，了解感情、了解幸福等这一切，绝不是不像男人的，令人害羞的事情。

现代男人的悲剧在于，女人长期都没有真正明白过来，男人需要从她们身上学点东西。

# 后记

## 如何与男人一起走过人生

　　仔细想来，本文的起源还是从某个出版社社长的一句感叹开始的："男人真命苦啊！"刚听到这句话的时候我哑口无言。我对男人并不抱有敌意，而且身为女人，我对婚姻生活也相当满足。对这样的我来说，身在大韩民国的首尔市中心，"我要是有个老婆而不是老公该有多好"可不是能够理直气壮喊出来的话。我不由得想起以前的小说《父亲》中刻画的具有牺牲精神的父亲形象，现在的男人不会和不能挣钱的女人结婚，现如今要找到那样的男人可不容易啊。

　　然而那句掠过耳边的话，却不知不觉间在我心里某处扎下了一根刺，这根刺顺着血管流动，在遇到某些事情的时候，就会生生扎疼身体的器官。千百年来，这块土地上的女人们都被视为"生育儿子的工厂"，然而在经历过很多事情之后，我反而感到，其实男人比女人更可悲。只有当女人们看到男人们那些令女人无法理解的苦痛，并至少尝

211

试着去理解之后，才能有信心和男人们一起战胜这个凶险的世界。

最近开始写作关于男人生活和内心世界的文章。可究竟该以男性立场还是女性立场来写呢？总之，先让我以女人身份，站在男人立场上写写男人的故事吧。

事实上，现在在心理学界已经兴起了一种新的研究方向，即将注意力从男女差异性转向男女共同性，就像以前我们将男人和女人视为同样的人类物种进行讨论那样。同时，那些喜欢讲男女差异的人则经常被指责是在为性别歧视摇旗呐喊。但是我们确实无法回避那些"不同之处"，因为我们是在这个地球上唯一彼此相似的物种。想想看吧，我们不会去讨论人类和乌龟的差异性。男人和女人是彼此既相似又互补的两种人类，若能真正理解彼此的差异性，不管怎么样都能达到一定的和谐。然而即便如此，我们对彼此还是知之甚少。说得更直白些，男人别说理解女人了，连对他们自己也不太了解。

但事实往往是矛盾的。我希望就此开始讨论男人们的不幸和软弱，然而男人们却绝对不会同意我所说的，即使那些话都是百分之一百正确。男人们天生就有着一种固执，绝不愿意承认自身的软弱。虽然我尝试着张开双臂去抚慰男人们的痛苦，却可能反过来遭到他们的攻击，因为对以揭露他们的短处为前提的忠告，他们是绝对无法接受的。更有趣的是，事实上大部分男人一方面试图否认我的话，另一方面则自我安慰："不仅仅是我，原来其他男人也都一样。这样才证明我是真正的男人嘛。"

为了写这本书，我特地以男人为调查对象做了一份问卷，并发给了我身边所有的男士。可即使是在身边人的帮助下得到的问卷答案，其调查结论却令人震惊——以长期从书本和网络中搜集到的资料为基础而进行的分析与推论，竟然和调查结果有着很大的出入。为什么会这样呢？很长一段时间我都百思不得其解。想了很久才终于明白过来，男人们即使是填写不记名的调查问卷，也依然不愿表露真心。他们其实也并不是想说谎，而是他们认为说出那些事实就不像个真正的男人了，因此本能地拒绝承认那些自身的现实。

人们通常认为女人比较感性，但男人情绪化起来比女人更软弱更有依赖性。亘古以来，生存都是人类历史延续的关键所在，男人作为历史的主人公将工作与感情彻底分开，男人一直是擅长"生存"的专家。然而现在的人类与过去相比前所未有地富庶，比起生存，生活的质量显得越来越重要。在未来的世界里，擅长"感情"的女性力量将变得越来越强大。

自20世纪以来，女人渐渐摆脱了固有的性别约束，从各方面进军原本属于男人的领域。可是历经上百年，男人们却没有什么改变。我们以为世界发生了那么多的变化，男人也应该变了很多，但真正了解之后却惊讶地发现，男人们还是老样子。然而我们并不想津津乐道于独尊女性的时代就此到来，而是欣然接受阿尔文·托夫勒所预言的感性时代的来临。那些在生活中被男人特性所禁锢和束缚的不是别人，正是我们的丈夫、男友、弟弟，或者儿子，抚慰他们的女人们，张开如同丝缎般柔软而温暖的双臂，她们的生命难道不是这世间最美的鲜花吗？

女人可以说是处理"关系"的专家。而男人，不论是谁，都或多或少有着一些自闭儿的特征。他们只站在自己的立场上思考，这是无论如何努力都无法解决的问题。但是女人就完全不同了。只要女人能够理解男人们身上一些无法被改变的特征，就能够成为男人的同伴，和他们一起走过这个如同沙漠般的世界。更进一步说，能够理解男人的聪明女人们，不会期望慢慢去改变那些硬邦邦的男人。这也是我面向女人们写下这本男人书的真正理由。

**图书在版编目（CIP）数据**

我的男人，你究竟在想什么？ / （韩）南仁淑著；王慰慰译. —— 长沙：湖南人民出版社，2011.4

ISBN 978-7-5438-7382-7

Ⅰ. ①我… Ⅱ. ①南… ②王… Ⅲ. ①恋爱－通俗读物②婚姻－通俗读物 Ⅳ. ①C913.1-49

中国版本图书馆CIP数据核字（2011）第059325号

**湖南省版权局著作权合同登记**

图字：18-2011-089号

出　　版：中南出版传媒集团·湖南人民出版社
　　　　　（地址：长沙市营盘东路3号 410005）
经 销 者：全国新华书店
印　刷：北京中科印刷有限公司
开　　本：880×1230　1/32
字　　数：138000
印　　张：7
出版时间：2011年8月第1版
印　　次：2011年8月第1次印刷
出 版 人：谢清风
责任编辑：胡如虹
特约编辑：吴　庆　金　浩
封面设计：门乃婷工作室
ISBN 978-7-5438-7382-7
定　　价：28.00元

发　　行：中南出版传媒集团·北京涌思图书有限责任公司
　　　　　（地址：北京市朝阳区安定路39号长新大厦1001室 100029）
联系电话：010-64426679
邮购热线：010-64424575
传　　真：010-64427328
公司网址：www.yongsibook.net
投稿邮箱：tougao_qc@yongsibook.net